コンピュータビジョン最前線

CV

Summer 2024

特集＊生成AI

言語・ロボット・動作・法律

JN046993

共立出版

コンピュータビジョン最前線

CV

Summer
2024

Contents

大規模言語モデル構築をわれわれ自身で体感する
——組織横断プロジェクト LLM-jp

■黒橋禎夫

　大規模言語モデル（large language model; LLM）をベースとした ChatGPT が世界を席巻している。従来の自然言語処理（natural language processing; NLP）のタスク，たとえば構文の解析，意味の解析，文脈の解析，さらには機械翻訳，そしてもちろん人との自然な対話も，NLP がこれまで長年の目標としていたレベルには到達してしまったといってよい。われわれが取り組むべき課題は，その賢さを解明すること，その安全性などを検討すること，そしてそれが社会にどのように受容され人間と共存していくかをデザインしていくことなどに，一気に様変わりした。

　しかし，ここで大きな問題がある。LLM の研究開発には膨大な計算資源・資金が必要となり，一部の外国組織の寡占状態である。そして，強い，大きなモデルの中身（アーキテクチャ，事前学習コーパス，学習ノウハウ，チューニングデータなど）は公開されていない。一方で，ハルシネーションや安全性の課題など，LLM が今後社会に本格的に受け入れられていくためには，まだまだ課題がある。

　日本としての懸念もある。GPT-3 における日本語コーパスの割合は 0.11% であり[1]，それでもあそこまで賢いことは凄いのだが，英語に比べると日本語の理解力，生成力は劣っている。GPT-4 のような英語コーパス中心のモデルが世界標準となれば，日本の活動や日本文化が埋没していくことも考えられる。また，外国モデルに完全に依存して日本の知的資産がただ流れていくことは経済安全保障上看過できない。

　このような問題意識から，日本でも LLM を作ろう，そのための勉強会を始めようということで，2023 年 5 月に第 1 回の LLM 勉強会を開催した[2]。LLM の研究開発は計算資源的にも人的資源的にももはやビッグサイエンスである。できるだけ多くの人が取り組む必要があるので，勉強会の方針として，その活動から生まれるモデル，コーパス，チューニングデータなどはもちろん，議論の過程や失敗を含めてすべてオープンにすること（商用利用も可）とした。

　第 1 回の LLM 勉強会は 30 名ほどの NLP 研究者によるまさに勉強会として

[1] https://github.com/openai/gpt-3/blob/master/dataset_statistics/languages_by_word_count.csv

[2] https://llm-jp.nii.ac.jp/

スタートしたが，この問題意識と考え方に賛同する参加者が日に日に増加し，現在（2024 年 2 月）は 1,000 名を超える参加者となった。学界と産業界がそれぞれ半数程度，産業界は 50 社超からの参加者がいる。

当初，計算資源の目処がなかったので，この活動の日本語名称は LLM 勉強会とし，英語名称は LLM-jp としてスタートした。6 月になって，2023 年 5 月から有料サービスを開始した JHPCN[3] が運営する mdx の計算資源に少し余裕があることがわかり，NII，理研 AIP，JHPCN で資金を持ち寄り 3 千万 mdx ポイントを購入し，40 GB メモリの NVIDIA A100 8 基搭載の 16 ノードを専有する計算環境を手に入れた。7 月以降はこの環境を用いて具体的にモデルを作る活動を始めたので，会の名称は日本語でも LLM-jp を使うこととした。

3) 学際大規模情報基盤共同利用・共同研究拠点。https://jhpcn-kyoten.itc.u-tokyo.ac.jp/ja/

具体的な LLM 構築のために，コーパス構築 WG，モデル構築 WG，評価・チューニング WG を作り，それぞれ日本を代表する NLP 研究者が幹事としてリードした。また，mdx をはじめとした計算基盤の整備や問題解決に当たる計算基盤 WG を設けた。議論は，それぞれ週 1 回程度のオンラインミーティングと Slack で行った。また，活動の進捗に伴い，学術ドメイン WG，安全性 WG なども立ち上がり，さらには，法律家も参加した。これにより，データとモデルの利用や公開について法律の観点から Slack 上ですぐにアドバイスがもらえる体制となったのはありがたいことであった。

ハイブリッド（リアル＋オンライン）の LLM 勉強会は 2023 年 5 月以降，月 1 回程度のペースで続けており，LLM に関する最新のトピックの紹介や，日本で構築されるさまざまなモデルの紹介，WG の活動紹介などを行っている。

LLM-jp の最初のモデルとして，2023 年 10 月に，130 億パラメータの LLM-jp-13B を公開した。モデルそのものはもちろん，コーパスやチューニングデータも公開した。さらに，モデルの入出力に類似するコーパス中のテキストを検索する機能も備えている。つまり，何を根拠にそのような生成がなされているかを観察できる環境を整えた。2024 年 4 月には，LLM-jp の延長線上の活動として，NII に LLM 研究開発センターを設置した。今後，1750 億パラメータのモデル学習や，LLM の透明性・信頼性・高度化などの課題に取り組んでいく予定である。

このように，革命的な進展をもたらした LLM について，われわれもそれを体感できる研究開発環境が整いつつある。しかし，現在のアプローチはある種の「力技」である。今後は，人の知との関係をより意識しつつ，マルチモーダル，身体性，記憶，発達などの問題にも取り組んでいきたい。コンピュータビジョン，ロボティクス，神経科学など，もっともっと広い分野の方々との協働をいかに進めるかが今後のポイントになると感じている。

くろはし さだお（国立情報学研究所／京都大学）

イマドキノ LLM 構築
ゼロからつくる最良の日本語言語モデル

■高瀬翔　■清野舜　■李凌寒

1　はじめに

ChatGPT [1, 2] が 2022 年末に発表されて以来，大規模言語モデル（large language model; LLM）に注目が集まっています。ChatGPT は任意の事柄について流暢なテキスト対話が可能であり，能力の高さと簡単に使える親しみやすさからか，研究コミュニティに留まらず日常生活に急速に浸透しつつあります。ChatGPT を開発した OpenAI だけではなく，Amazon は Amazon Q [3], Google は Gemini [4] を発表しており，日本でもさまざまな組織が LLM の研究開発に取り組んでいるなど，競争が激化しています。Meta が配布している Llama [5, 6] は，計算資源が十分ではない組織，特にアカデミアの研究者らの LLM 研究への参入障壁を低減することに大きく貢献しており，LLM は日進月歩の勢いで進展しています。

また，GPT-4 [2] は画像と自然言語の両方を入力として受け取ることが可能とされています。画像認識の際に，画像をパッチに分割し，1 つの系列として言語モデルへの入力と見なして処理を行う [7] というように，使用するニューラル構造や言語モデルという手法自体も自然言語処理に留まらず共通化が進んでいましたが，さまざまな入出力を行うことが可能な，マルチモーダルな言語モデルも登場しています[1]。

このような状況を受け，本稿では近年の LLM の進展を概観し，LLM の事前学習からチューニングまでの各ステップにおける，経験的な知見や研究報告を説明していきます。特に，日本の組織から発表されている言語モデルはパラメータ数や学習データ量と性能がきれいに相関しているわけではなく，まだまだ発展途上にあることがうかがえます。本稿を通して，LLM に用いられる技術を学び，より良い LLM 開発に繋がることを，筆者らは願っています。

[1] マルチモーダルなモデルについての詳細は，6.4 項で述べます。

2 言語モデルの基礎

2.1 ニューラル言語モデル

LLM とはその名のとおり，大規模な文書集合 (コーパス) 上で学習した，大量のパラメータをもつニューラル言語モデルです．大規模化する際には訓練データの収集・クリーニングや学習の安定化に取り組む必要がありますが，その点を除けば，LLM は本質的には古くから機械翻訳や自動音声認識で用いられてきた言語モデルと同一です．本節では，言語モデルに関する基本的な事柄を説明します．

言語モデルは与えられた文書の確からしさを計算するモデルで，各単語が出現する同時確率を条件付き確率の積で計算します．たとえば単語 $w_1, \ldots, w_T$ からなる長さ T の単語列 $w_{1:T}$ について，同時確率 $p(w_{1:T})$ を下記の式で計算します．

$$p(w_{1:T}) = \prod_{t=1}^{T-1} p(w_{t+1}|w_{1:t}) \tag{1}$$

具体的な例として，「天気は晴れ」という単語列について考えてみます．この単語列は「天気」「は」「晴れ」の 3 つの単語から構成されているため，同時確率は上の式を用いて，$p($ 天気 $)\, p($ は | 天気 $)\, p($ 晴れ | 天気は $)$ という 3 つの確率の積で計算できます．この各確率の計算に何らかのニューラルネットを用いるものを，ニューラル言語モデルと呼びます．最初期のニューラル言語モデルは，フィードフォワードニューラルネットワークを用いた，数単語のみを扱うことができる素朴なモデル [8] でしたが，今日では Transformer [9] と呼ばれるニューラルモデルを用いて，任意長の系列を扱うことが可能になっています．

式 (1) で説明したように，言語モデルは条件付き確率の計算を行います．つまり，与えられた系列に対し，適切な次の単語を予測できるため，言語モデルは文や文書の生成にも適用できます．具体的には，現在の系列から次の単語の出現確率を算出し，適当な単語を生成します．この生成した単語を結合した系列を条件としてまた次の単語の出現確率を算出し適当な単語を生成する，という手続きを，文（もしくは文書）の終端を出力するまで繰り返すことで生成を行います．

ニューラル言語モデルの学習は，訓練データとして与えられたコーパスについて，式 (1) を最大化することで行います．すなわち，訓練データは確からしい文書であると出力できるよう，パラメータの調整を行います．このため，質の良いニューラル言語モデルを得るためには，大量かつ高品質な訓練データが必要になります．ニューラル言語モデルが盛んになる以前から，言語モデルの性能は訓練データの量に対数比例すると報告されていましたが [10]，ニューラル言語モデルの性能は，訓練データの量に加え，パラメータ数にも対数比例す

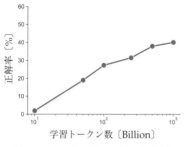
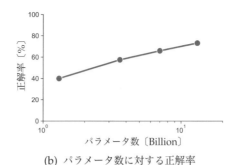

(a) 学習トークン数に対する正解率　　　　(b) パラメータ数に対する正解率

図1　1.3B パラメータのモデルにおける，(a) 訓練データの量（学習トークン数）に対する AI 王での正解率，(b) 学習トークン数を 1 兆トークンに固定した際の各パラメータ数に対する AI 王での正解率

ると近年報告されています [11, 12]。実際の例として，訓練データ量およびパラメータ数に対する性能の変化を図 1 に示します。これは，筆者が日本語のコーパスを学習させた言語モデルについて，AI 王という，2021 年から毎年開催されている日本語を対象とした質問応答タスクのコンペティションで使用されているデータセットに対する正解率を評価した結果です。X 軸，すなわち学習データ量（学習トークン数[2]）およびパラメータ数に関する軸は対数目盛りとなっており，正解率がそれぞれに対数線形で向上していることがわかります。

　大規模なコーパスで学習した LLM は，実際のアプリケーションに適用する前に，そのアプリケーションに応じたデータセットで学習することで，より質の高い出力を行えます。大規模なコーパスで学習した直後の LLM を事前学習モデル，アプリケーションに適用するために各アプリケーションに応じたデータセットで学習した LLM をチューニング後のモデルと呼びます[3]。

2.2　サブワード

　ニューラル言語モデルについて，2.1 項では単語列に対して条件付き確率の積を計算すると述べましたが，文書中のどのまとまりを単語とするかは自明ではありません。日本語のように単語間がスペースで区切られていない言語はもちろんですが，仮にスペースで区切られていたとしても，何を単語と見なすかについては曖昧性が残ります。たとえば "hyperparameter"，"hyper-parameter"，"hyper parameter" のような複合語は表記がさまざまにあり，これらをそれぞれ独立の単語と見なすか，それとも "hyper" と "parameter" の 2 語からなると見なすか，あるいはすべて "hyperparameter" に正規化してしまうか，さまざまな手法があり得ます。しかし，どれが最良かの議論に決着はつかないでしょう。また，辞書で定義された単語を利用する方法や，スペースで区切られた語

[2] LLM の文脈では，一般に学習データ量はトークン数で表現されます。トークンという単位については，2.2 項を参照してください。

[3] 詳細は 5.1 項で述べますが，LLM のパラメータは更新せず，入力する系列を調整することで所望の出力を得る方法もチューニングと呼ばれる場合があります。

を収集して単語として利用する手法では，訓練コーパス内に含まれていない語や新たに生まれた単語がすべて未知語になってしまうという問題があります。

ニューラル言語モデルでは，学習用のコーパスから定めた，サブワードという単位を入力として利用します。サブワードはコーパス中の高頻度な文字列[4]であり，任意の語をこのサブワードの組み合わせによって表現することとします。たとえばサブワードとして "he"，"l"，"o" を用いた場合には "hello" は "he"，"l"，"l"，"o" のサブワード列として表現できます。これにより，訓練コーパス中に出現していない未知語も，既知のサブワードからなる系列として扱うことが可能になります。サブワードの構成手法としては，Byte Pair Encoding（BPE）と Unigram 言語モデルが主流で [14, 15]，これらを改良した手法も提案されています [16]。

実際に利用する際には，語彙の大きさ，すなわち，ニューラル言語モデルが扱うサブワードの種類数をハイパーパラメータとして設定し，それに応じたサブワード集合（＝語彙）を BPE や Unigram 言語モデルを用いて得ます。ニューラル言語モデルはサブワード列を扱うこととし，学習や生成の前に，まず語彙を用いてコーパスをサブワードに分割しておきます。この，コーパスをサブワードに分割する手続きをトークン化と呼び，コーパス内のサブワード 1 つ 1 つをトークンと呼びます。

3 日本語言語モデルの現状

LLM 構築の具体的な説明の前に，日本語言語モデルの現状を概説します。1 節に記したように，日本でもさまざまな組織が LLM 構築に参入しています。表 1 は，日本の各組織から公開されている，日本語データで学習を行った LLM の執筆時点での一覧です。表内の B は Billion，すなわち 10 億を表しており，たとえば 7B パラメータは 70 億パラメータを意味します。この表にあるように，2023 年 5 月から次々と，平均して月に 1 つ以上の組織がモデルを公開しています。多くの組織は事前学習からフルスクラッチでモデルの構築を行っていますが，ELYZA や Stability AI Japan，rinna のように，Llama 2 [6] のような既存の LLM をもとにして，日本語コーパスでの学習を実施している組織もあります。ELYZA は，既存の高品質な LLM をもとにすることで，比較的少量の訓練データでも日本語での受け答えが流暢な言語モデルを構築できることを報告しています [17]。また，モデルの公開はされていませんが，NTT [18] や NEC [19] も日本語を主な入出力対象とした LLM の研究開発に取り組んでいることが発表されています。

主な日本語言語モデルについて，事前学習モデルの性能を表 2 に記します。事前学習モデルの性能については，先述の AI 王のデータセット，および日本語

表 1 執筆時点（2024/1）において，日本の各組織が配布している言語モデルと発表年月

年月	組織	発表内容
2023/5	サイバーエージェント	7B パラメータの日本語モデル
2023/5	rinna	3.6B パラメータの日本語モデル
2023/7	rinna	4B パラメータの日英モデル
2023/8	Stability AI Japan	7B パラメータの日本語モデル
2023/8	LINE	3.6B パラメータの日本語モデル
2023/8	東京大学松尾研	10B パラメータの日英モデル
2023/8	ELYZA	7B パラメータの日本語モデル（Llama 2 をもとに学習）
2023/10	LLM-jp	13B パラメータの日英モデル
2023/10	ストックマーク	13B パラメータの日本語モデル
2023/10	rinna	7B パラメータの日英モデル（Llama 2 をもとに学習）
2023/11	サイバーエージェント	7B パラメータの日本語モデル
2023/11	Stability AI Japan	70B パラメータの日本語モデル（Llama 2 をもとに学習）

表 2 各組織の事前学習モデルの各タスクでの正解率と，それらの平均値

モデル	平均値	AI 王	JSQuAD	JCQA
line-corporation/japanese-large-lm-3.6b	59.8	48.6	66.2	64.7
matsuo-lab/weblab-10b	58.9	34.4	73.3	69.1
elyza/ELYZA-japanese-Llama-2-7b	61.1	27.5	75.1	80.8
llm-jp/llm-jp-13b-v1.0	66.5	53.7	72.2	73.5
rinna/youri-7b	**70.1**	48.4	**79.8**	**82.1**
stabilityai/japanese-stablelm-base-beta-7b	64.3	35.4	77.2	80.3
cyberagent/calm2-7b	64.4	**56.7**	73.5	62.9

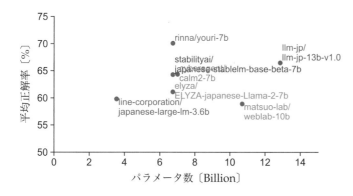

図 2 各組織の事前学習モデルのパラメータ数と AI 王，JSQuAD，JCQA の正解率の平均値との関係

言語理解データセット（JGLUE）[20] に含まれている JSQuAD, JCommon-senseQA（JCQA）という質問応答のデータセットでの正解率を記しています。また，表2にはこの3つのデータセットでの正解率の平均値も示しており，図2は，この平均正解率とパラメータ数を各モデルについてプロットしたものです。

図2を見ると，事前学習モデルの性能はパラメータ数に応じて高くなっているわけではありません。たとえば line-corporation/japanese-large-lm-3.6b は，パラメータ数が約2〜3倍の elyza/ELYZA-japanese-Llama-2-7b や matsuo-lab/weblab-10b と同等の性能を達成しており，rinna/youri-7b もパラメータ数が2倍近くある llm-jp/llm-jp-13b-v1.0 よりも高い性能を達成しています。表2で詳細を確認してみると，elyza/ELYZA-japanese-Llama-2-7b や stabilityai/japanese-stablelm-base-beta-7b のように Llama 2 をもとにしたモデルは JSQuAD や JCQA が高い一方，AI 王での性能が低い傾向にあることがわかります。これは，JSQuAD や JCQA に含まれている問題は「中東にある国」を「アメリカ」「拘置所」「ロシア」「アフガニスタン」「空港」の中から選択させるなど，常識的な知識を問う問題が多い一方，AI 王は「作家の森鴎外，斎藤茂吉，安部公房は，現在の東京大学の何学部出身？」や「戦国武将の今川氏親，義元親子によって制定された分国法は何？」というように，日本の文化や歴史に強く結び付いた問題がほとんどであり，日本語コーパスで十分な学習を行わなければ正しく回答できないためであると推測されます。実際，大量の日本語コーパスで学習したと報告している line-corporation/japanese-large-lm-3.6b や cyberagent/calm2-7b は AI 王で高い性能を達成しています。Llama 2 のような質の良い LLM を活用することで，少量の訓練データでも流暢な出力を行える日本語モデルを構築できますが，上記の結果から，文化や歴史の広範な知識を得るためには大規模な訓練データは欠かせないといえるでしょう。

4 大規模言語モデルの構築：事前学習

本節以降では，LLM の構築に必要な過程を順番に説明します。LLM の構築過程は，事前学習（さまざまなアプリケーションに必要な汎用的知識を獲得するフェーズ）とチューニング（人間の指示や意図に沿うようにモデルを調整するフェーズ）の2つに大別されます。図3に各学習ステップの概要を示します。本節では事前学習について説明します。

4.1 事前学習用コーパスの構築

2節で述べたように，事前学習では大規模なコーパス上でニューラル言語モデルを学習させます。LLM のベースとなっている Transformer モデルについて，

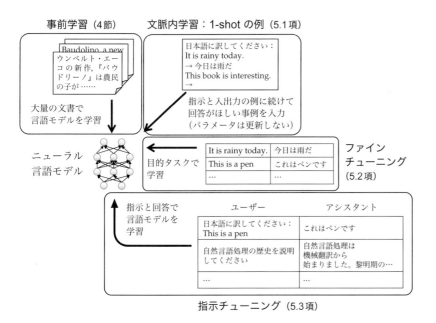

事前学習（4節）　　文脈内学習：1-shot の例（5.1項）

大量の文書で
言語モデルを学習

指示と入出力の例に続けて
回答がほしい事例を入力
（パラメータは更新しない）

ニューラル
言語モデル

目的タスクで
学習

ファイン
チューニング
（5.2項）

指示と回答で
言語モデルを
学習

指示チューニング（5.3項）

図 3　LLM の各学習ステップの概要と使用する訓練データの例

訓練データ量に対してモデルの性能が対数比例で向上するスケーリング則が報告されていることからわかるように [12]，LLM の事前学習用コーパスの構築において最も重要なのはデータの量（トークン数）です。たとえば，GPT-3 [11] の学習には 300B トークン[5] が用いられました。その後の研究 [22] では，計算効率が良い高性能のモデルを得るためにはパラメータ数と訓練データ量のバランスが重要であるという，いわゆるチンチラ（Chinchilla）則が示されました。チンチラ則では 1 つのモデルパラメータに対して 20 トークンを用意することが目安となっており，この目安に基づいて実際に 1.4T[6] トークンを用いて訓練された 70B パラメータのモデルは，同じ計算量で学習したより大きなパラメータ数のモデルを上回る性能を達成しています。チンチラ則は学習効率に関する目安であるため，推論時の効率を求めて，小さいモデルを大量のトークン数で学習することは依然として有効です。代表的なものでは Llama 2 [6] の 7B から 65B の各モデルは 2T トークンで訓練され，いずれも高い性能を発揮しています。

　さて，兆を超えるトークン数から構成される大規模な事前学習用コーパスは，どのように獲得すればよいのでしょうか？ 大量の文書を得る手段として，現在は Web からの収集が主流になっています。たとえば Common Crawl プロジェクト [23] は，Web のクローリングによって収集したダンプデータを定期的に公開しており，各ダンプに含まれる生テキストデータは圧縮した状態で約 10 TB

[5] 参考：英語版の Wikipedia には約 2.5B トークンが含まれています [21]。

[6] T は Trillion の略であり，兆を意味します。すなわち，1.4T トークンは 1.4 兆トークンを表します。

にもなります[7]。最近ではCommon Crawlをもとにした公開データセットの作成が盛んであり，英語を主としたものではRedPajama[8]やRefinedWeb[24]などが知られています。その他，OSCAR[25]やMultilingual C4[26]といったデータセットには日本語を含む複数の言語のデータも用意されているため，日本語言語モデルを訓練するためのコーパスを今から新規に構築する場合には，これらを有効活用することを強く推奨します。

大規模言語モデルの事前学習用コーパスの構築にあたっては，文書の品質を確保することも重要です。Webから獲得した文書には大量のノイズが含まれており[27][9]，これらを取り除く処理が必要となります。表3にノイズの代表例を示します。これらのノイズに対してよく行われるのは，ノイズの特徴に合わせてルールベースのフィルタを設計することです[24, 28, 29]。最も単純なものでは，長さが短すぎる文書や長すぎる文書を棄却するというフィルタが考えられます[28]。また，繰り返しを多く含む文書の除去を目的として，文書に占めるユニークなN-gramの割合を利用したフィルタが用いられることもあります[29]。そのほか，センシティブな単語を含む文書については，あらかじめ作成しておいたセンシティブな単語の集合（辞書）を用いて，辞書に含まれる単語の出現割合に応じて文書を棄却するフィルタを設計することもできるでしょう。

一連のルールベースのフィルタはノイズの除去には有効である一方で，各フィルタのメンテナンス（たとえばフィルタの適用順序の調整やフィルタ内部の閾値の設定）にかかるコストが大きいほか，フィルタの設計が特定の言語に依存してしまう問題があります。たとえば，BigScienceグループ[29]が構築したROOTSコーパスでは，各言語についてフィルタの閾値が人手で調整されています。この問題を緩和するため，近年は機械学習ベースのフィルタが用いられることも増えています。たとえば，N-gram言語モデルによって各文書のパープレキシティの値を計算し，値が大きい文書（つまり，自然言語らしくない文書）を取り除くフィルタが存在します[29, 30]。そのほか，モデルの学習に資す

表3　Web由来のテキストに含まれるノイズの例

ノイズの種類	例
名詞の羅列	アナスイ コラボ バッグ，アナスイ ドルチェ …
日本語ではない文書	齐博 MG 篮球巨星:优惠大的 app 亚洲最大沙漠水库 …
文書とは関係のない要素を含んでいる	月別アーカイブ 2017 年 09 月 (2) 2017 年 08 月 (3) …
センシティブな単語を含んでいる	（筆者注：ここには掲載できない）

る可能性がある文書とそれ以外の文書を分類するために，線形分類器を学習さ
せる場合もあります [5, 11, 31]。たとえば，Wikipedia の参考文献に記載され
ている Web ページを正例文書，それ以外のランダムなページを負例文書と見な
して学習した分類器を用いて，Web から構築したコーパスのフィルタリングが
行われています。しかし，これらのフィルタも万能ではなく，高品質な長い文
書を不当に悪く評価してしまうなど，コーパス内に含まれる文書を偏らせる原
因となる場合もあります [29, 30]。

4.2　事前学習のプロセス

　本項では，完成した訓練用コーパスを用いて実際に LLM の学習を行う過程
を説明します。LLM のパラメータ数は膨大であり，単一の GPU に収まらない
場合が多いため，複数の GPU を用いた学習を可能にする専用のフレームワー
クが必要となります。具体的には，1 つのモデルを複数の GPU に分割して配置
する機能（モデル並列）がサポートされている必要があります（図 4）。

　代表的な事前学習用フレームワークとして，NVIDIA 社が開発する Megatron-
LM [32, 33, 34] が存在し，Megatron-LM から派生した形で Megatron-Deep
speed [35] や GPT-NeoX [36] などが開発されています。そのほか，MosaicML
社も LLM-Foundry というフレームワークを提供しています [37]。大量のコー
パスを効率的に処理するためには，高速な実装を使うことも重要です。たとえ

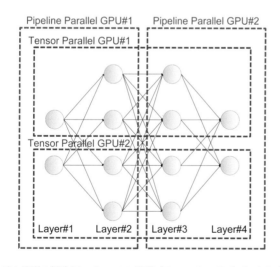

図 4　モデル並列の概念図。テンソル並列（Tensor Parallel）とパイプライン並
列（Pipeline Parallel）が図示されています。テンソル並列では行列計算を複数
の GPU に分割するのに対して，パイプライン並列ではネットワークのレイヤー
（Layer）単位での分割を行います。両者は併用可能であり，この例では合計 4
つの GPU にモデルを分割しています。

ば最近では，flash-attention と呼ばれる，アテンション機構の高速な実装 [38] が広く使われており，先述のフレームワークはどれも flash-attention をサポートしています。その他，学習に用いるテキストデータの形式を工夫する必要があり，代表的な実装（Megatron-LM）においては，事前学習時に複数の文書を結合し，1つの巨大な系列として取り扱います。その後，この系列をあらかじめ規定された窓幅[10] で等分割し，訓練サンプルを構築します[11]。この処理により，通常は系列の長さを揃えるために必要となるパディングのような処理をほとんど排除しつつ，固定長の長さの訓練サンプルが構築できるため，GPU 上で効率的な学習が可能です。

事前学習用のコーパスとフレームワークを用意できたとしても，LLM の訓練は一筋縄にはいきません。LLM を構成するのは Transformer アーキテクチャですが，その訓練が難しいことは，Transformer の登場初期から報告されていました [39, 40]。たとえば，学習中にモデルの勾配が爆発・消失するほか，それに伴って損失関数の値が発散することが知られており，近年は，モデルの大規模化に伴って学習の難易度がさらに上がってきています。

LLM の訓練の安定化に資する知見について，代表的なものを取り上げます。まず，モデルの訓練前に適用可能なテクニックとして，数値精度の工夫が挙げられます。具体的には，float16 フォーマットと比較して，bfloat16 フォーマットが有利であることが報告されています [41, 42]。その理由は，bfloat16 は float32 と同じ指数ビット（8 ビット）をもつため，LLM 中で数値がオーバーフローしてしまう危険性が float16 より小さいこととされています [43]。モデルパラメータの初期化では，一部のパラメータの分散をモデルの層の数に応じて小さくする戦略がとられます [32]。そのほか，最適化アルゴリズム Adam の beta2 パラメータを 0.95 にしておくことや [36]，モデルの Layer Normalization（LN）の位置を調整し，サブレイヤーの出力に LN を適用する方式（Post-LN）から，サブレイヤーの入力に LN を適用する方式（Pre-LN）に切り替えることが有効とされています [44, 45]。Post-LN の構造については，新規の Residual 項の追加 [45] や初期化の工夫 [46] によって大規模化が可能であると示唆されていますが，LLM 構築においては Pre-LN の構造が主流です。次に，訓練中にモデルの学習に失敗してしまった場合のテクニックとして，モデルの損失が発散するたびに学習率を手動で半分に設定する [47] ほか，損失が発散する訓練事例をスキップする [48] ことが有効とされています。これらは多くが経験的な知見であり，パラメータ数や学習のデータ量が変化した場合など，異なる状況でも適用可能であるかは明確ではありませんが，理論的な分析を通じて効果的な安定化手法を明らかにする研究も見られます [49]。

LLM の応用先には，Retrieval Augmented Generation（RAG）のように，複

10) 窓幅の値はハイパーパラメータであり，2,048 などの値がよく使われます。

11) 関係のない文書が同じ訓練サンプルに含まれることを許容することになります。

数の文書を組み合わせる必要があるタスクや，小説生成のようなクリエイティブなタスクなど，長い系列を処理する必要があるタスクがいくつも存在します。これらのタスクで高い性能を達成するためには，LLM が系列長に対して汎化している必要があり，Transformer モデルにおいては，各トークンの位置表現を工夫するアプローチが主流です。初期の Transformer モデルでは，位置表現（positional encoding; PE）として絶対位置が用いられていました。これは各位置に対して専用のベクトルを用意しておき，単語ベクトルとの和をとることによって位置を表現する手法（図 5 (a)）であり，外挿性能[12]が悪いという問題が報告されていました。この問題を解決するため，トークン間の相対位置を用いる方法論（相対位置表現）がいくつも提案されてきました [28, 51, 52]（図 5 (b)）。また，シフト付き絶対位置表現と呼ばれる，絶対位置の枠組みの中で相対位置をモデルに学習させる手法も提案されています [50]（図 5 (c)）。

近年，LLM の文脈では，通常は位置表現として RoPE [53] と ALiBi [54] のいずれかを用います。RoPE は，注意機構のクエリとキーベクトルをトークン間の相対位置に応じて回転させることで位置を表現する手法であり，PaLM, GPT-NeoX, Llama 2 といった多くの LLM が採用しています。一方，ALiBi は注意機構のスコアにトークン間の距離に応じたペナルティを付与することで，相対位置を表現しています。

また，どの位置表現を用いるかとは直交する話題として，長い系列を用いて

12) 訓練時よりも長い系列に対する性能のこと。系列に対する汎化性能の 1 つ。

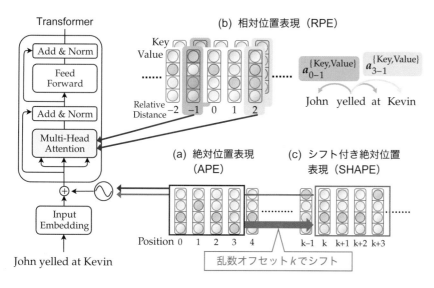

図 5　Transformer における絶対位置表現（APE），相対位置表現（RPE），シフト付き絶対位置表現（SHAPE）の比較（Kiyono ら [50] の図の一部を和訳したもの）。シフト付き絶対位置表現は，位置インデックスを乱数値 k でシフトさせることで，相対位置をモデルに学習させています。

LLM を追加で訓練するアプローチも存在します。たとえば，事前学習の初期から長い系列長を用いて訓練する方法と，事前学習の途中で系列長を長くする方法とでは，後者のほうが効率的に一定水準の性能に到達することが報告されています [55]。また，RoPE を拡張することで，1,000 ステップ以内のファインチューニングにより Llama 2 が処理できる系列長を 2,048 から 32,768 へと伸ばせるとも報告されています [56]。

5　大規模言語モデルの構築：チューニング

5.1　プロンプトのテクニック

　LLM の事前学習に関する課題を乗り越えて，晴れてモデルが完成したとします。このモデルはどのようにして活用できるでしょうか？

　事前学習モデルで特定の下流タスクを解くための最も簡単な方法は，モデルが所望の出力をするように，モデルに与える入力文字列（プロンプト）を工夫することです。モデルは次単語予測のタスクで事前学習しているため，下流タスクも次単語予測の形式に落とし込むことでそのまま解けます。

　たとえば，レビューの極性（ポジティブ/ネガティブ）を判定するタスクを解きたい場合，これを次単語予測の形式に落とし込んだ，以下のようなプロンプトが考えられます。

　　　「こんな旨い鮎は食べたことない…」というレビューはポジティブ
　　　かネガティブかでいうと：

この続きとして，言語モデルが「ポジティブ」と「ネガティブ」のどちらを出力するかを見て二値分類が解けます。しかし，こうしたシンプルなプロンプトでモデルの挙動が制御できるとは限らず，上記の例でいえば，二値分類を想定しているのにモデルが「どちらでもない」と出力してしまう可能性もあります。

　こうした問題を解決するために，文脈内学習（in-context learning）[11] が活用できます。これは，いくつかの入出力例をプロンプトに含めることで，モデルにタスクの解法や出力の形式を学習させることを目的としたものです。レビューの極性判定の例でいえば，以下のようなプロンプトが考えられます。

　　　「こんな旨い鮎は食べたことない…」というレビューはポジティブ
　　　かネガティブかでいうと：ポジティブ。
　　　「山岡さんの鮎はカスや」というレビューはポジティブかネガティ
　　　ブかでいうと：ネガティブ。
　　　「なつかしい味や……」というレビューはポジティブかネガティブ
　　　かでいうと：

このとき含める例の数をショット数（shots）と呼ぶことがあり，上記の例は2ショットの文脈内学習です。一般に，このショット数を増やすことで性能が向上します [11]。

プロンプトを通じた制御は簡便ですが，プロンプトの設計がタスクの性能に大きな影響を与えることに注意してください。タスクを解くのに必要な情報を自然な形で記述しているように見える複数のプロンプト間で，モデルやタスクによっては 20% 以上の精度の差が観察されることがあります [57]。したがって，良い性能を引き出すプロンプトの設計（プロンプトエンジニアリング）は，実用にあたって必須のプロセスとなります。人手での設計する場合は試行錯誤や設計者の直感に頼ることになりますが，これを自動化する研究も進んでいます [58]。

5.2 下流タスクごとのファインチューニング

プロンプトのみに頼る手法の限界の 1 つが，活用できるタスクの訓練事例の数が限られることです。相対位置表現などの工夫を活用することで学習時よりも長い系列を扱うことは原理的には可能ですが，実用上は GPU メモリサイズの制約や，系列長の増大に伴う推論速度の低下といった問題があるため，プロンプトに百も千も事例を含めることは現実的ではありません。

下流タスクに関して，プロンプトに詰めきれないほど多くの訓練事例が存在する場合は，ファインチューニング（fine-tuning）が有効です。この場合のファインチューニングは，事前学習時と同様に次単語予測のタスクとして，タスクの入力から出力を予測するようにモデルを学習させます。ファインチューニングを経たあとのモデルからは，プロンプトに工夫を凝らすことなく，タスクの入力を与えるだけで意図した出力を得ることができます。

ファインチューニングは，プロンプトの工夫に比べると，追加学習に用いる計算資源が必要である分，ハードルが高くなります。LLM となると，学習に必要な計算資源も膨大になりますが，ファインチューニングに関しては LoRAチューニング [59] など，メモリ使用量を削減しつつ性能を維持する手法が提案されているため，これらを活用するのも 1 つの手です。

5.3 指示チューニング

これまでの話は特定の下流タスクへの適応を前提としていましたが，ChatGPTのように人間の意図を汲み取り自然な応答をする，より広範な用途をもつアシスタントを構築するためには，どのような手順を踏めばよいのでしょうか。

素直な方法は，図のステップ 1 に示すように，入力と所望の応答のペアを用意し，教師ありファインチューニング（supervised fine-tuning; SFT）をする

ことです。たとえば，以下のように，ユーザーの発話とアシスタントの応答を示した訓練事例を用意します。

> ユーザー：美味しい鮎の天ぷらの作り方を教えて。
> アシスタント：まず新鮮な鮎を用意します。次に天ぷら粉を冷たい
> 水で溶き，そこに鮎をくぐらせてから油で揚げます。

　このような形式のデータで高品質なものを 1,000 も用意すれば，それなりに使えるアシスタントを構築できることが示されています [60]。少量の訓練事例で事足りるということは，アシスタントとしてもっておくとよい知識の大半は事前学習の時点ですでに獲得されており，ファインチューニングはその引き出し方を変えるだけでいい，ということを示唆しています。ここで使うデータの品質が重要であることは複数の文献で述べられており，Meta の Llama 2 [6] の開発においても，Web 上に公開されている数百万もの自動生成されたデータや低品質なデータより，品質を担保した数万のデータのほうが良い結果が得られるという結論に至っています。

　上述の学習の後，モデル出力を人間がランク付けした選好データ（preference data）をモデルに与え，人間が好む応答をモデルが出力するように，さらなるチューニングを行うことも一般的です（図 6 ステップ 2）。選好データを作成するためには，まずモデルから応答を引き出すためのプロンプトを用意し，同じプロンプトから，言語モデルから品質が異なる複数の応答を得ます。このとき，応答の品質に差をつけるために，パラメータ数，チューニングの度合い，応答生成時のハイパーパラメータなどが異なるモデル，場合によってはあえて良いモデルと悪いモデルを用意して，多様な応答が得られるようにします。最後に，複数のモデル応答を人間がランク付けることで，選好データを獲得します。

　報酬モデルは，プロンプトとモデルの応答を入力し，人間がその応答に感じる良さの度合いをスカラー値の報酬として出力します。学習は，同一プロンプトに対する良い応答と悪い応答をペアにし，良い応答の報酬が高くなるように目的関数を最適化します。一般には，

$$\mathcal{L} = -\log\left(\sigma(r_\theta(\text{プロンプト},\text{良い応答}) - r_\theta(\text{プロンプト},\text{悪い応答}))\right)$$

で表せるような二値ランキング損失（binary ranking loss）が用いられます。ここで，r_θ はパラメータ θ をもとに報酬を計算する関数，σ はシグモイド関数です。

　報酬モデルを構築したあとは，強化学習を実施します（図 6 ステップ 3）。プロンプトを言語モデルに入力し，応答をサンプリングします。その応答を報酬モデルに入力して報酬を計算し，それを最大化するように言語モデルを更新します。

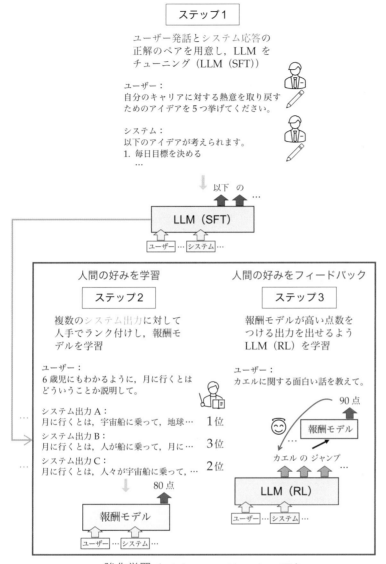

ステップ1

ユーザー発話とシステム応答の
正解のペアを用意し，LLM を
チューニング（LLM（SFT））

ユーザー：
自分のキャリアに対する熱意を取り戻す
ためのアイデアを5つ挙げてください。

システム：
以下のアイデアが考えられます。
1. 毎日目標を決める
　…

以下 の …

LLM（SFT）

ユーザー … システム …

人間の好みを学習

ステップ2

複数のシステム出力に対して
人手でランク付けし，報酬モ
デルを学習

ユーザー：
6歳児にもわかるように，月に行くとは
どういうことか説明して。

システム出力 A：
月に行くとは，宇宙船に乗って，地球… 1位
システム出力 B：
月に行くとは，人が船に乗って，月に… 3位
システム出力 C：
月に行くとは，人々が宇宙船に乗って，… 2位

80 点

報酬モデル

ユーザー … システム …

人間の好みをフィードバック

ステップ3

報酬モデルが高い点数を
つける出力を出せるよう
LLM（RL）を学習

ユーザー：
カエルに関する面白い話を教えて。

90 点

報酬モデル

カエル の ジャンプ …

LLM（RL）

ユーザー … システム …

強化学習（reinforcement learning; RL）

図6　事前学習済み LLM から ChatGPT のようなアシスタントを構築するため
の過程（本図は LINE ヤフー株式会社の柴田知秀氏の図を一部改変し使わせて
いただきました）

このときの学習アルゴリズムには，強化学習の代表的な手法である Proximal
Policy Optimization（PPO）などが用いられます。

　プロダクト開発時には，上述のプロセスを繰り返すことで，モデルの品質を向
上させます。選好データでモデルを強化学習させた後に，そのモデルからサン
プリングした応答で，新たな選好データを作成します。そして，その選好データ

でモデルを再学習させて新たなモデルを構築し，またそのモデルから選好データを…，というプロセスを繰り返します。

6 応用面での課題

6.1 大規模言語モデルが苦手なコト

入力の自然言語文の意味を理解し，適切な返答を行っているかに見える LLM ですが，苦手なことや，本質的に解決が難しいことも多々あります。たとえば，今日のニュースや列車の運行情報など最新の情報を尋ねても，所望の返答を得ることは難しいです。また，「○○県に村はありますか？」という質問に対し，実際には村があるにもかかわらず「ない」と返答するように，事実とは異なる出力を行ってしまう，ハルシネーション（hallucination）という現象も知られています [61, 62]。さらにこのとき，入力に追従して事実とは異なる出力を引き出せてしまう，ご機嫌取りバイアス（sycophancy）という現象も報告されています。例として，執筆時点の ChatGPT に「宮城県に村はありますか？」と訊いてみると，「2022 年時点で宮城県に村は存在します」という回答が得られます。大衡村という村が存在するため，この回答は正しいです。しかしながら，入力を「宮城県に村はありませんよね？」とすると，「宮城県に村は存在しません」という回答が得られてしまいます。ほかにも，数の概念に弱く，たとえば「この文は何文字から構成されているでしょうか？」というような入力に対し，正しい数を常に返せるとは限りません[13]。

このような問題に対し，単一の LLM で対処するのではなく，複数のツールを併用して出力を生成する研究が発表されています [63, 64]。たとえば，最新のニュースや列車の運行情報は Web 検索を通じて情報を取得したり，「○○県に村はありますか？」というような事実に関する質問については専用の質問応答システムを構築しておき，その出力を利用したりすることで，回答不可能な入力や，回答の誤りを大きく減らすことができます。さらにこのアプローチは，数値計算では電卓を，多言語対応では翻訳器をというように，使用するツールを増やすことで対処可能な入力の種類を増やしていくことが可能です。

6.2 自動評価の難しさ

良いシステムを構築するためには，反復的な改善が必要です。試行錯誤を繰り返す中で，現状のシステムの性能を，素早く，簡単に，かつ定量的に評価することは欠かせません。

LLM の適用先が定量的な評価尺度をもつタスクであれば，その評価尺度を用いることができます。しかしながら，ChatGPT のような汎用的なアシスタン

[13] これは数の概念に弱いことに加え，2.2 項にも記したように，LLM への入力はサブワードであり，文字単位ではないことも関係しています。つまり，数だけではなく文字の概念にも弱いことによる複合的な問題と考えられます。

トを構築する場合，どのような評価尺度を用いればよいのかは自明ではありません。

　現状，よく用いられているのは，明確な評価尺度をもつ多様な下流タスクで評価することです。たとえば，感情分析，質問応答，機械翻訳，要約などのタスクを LLM に解かせ，それぞれの評価指標を見ることで，システムの得意なタスクや，改善が必要なタスクを特定することができます。こうした方向の LLM の評価のために，英語では多様な観点およびタスクで評価する HELM [65] や，200 を超えるタスクを集めた BIG-bench [66] などのベンチマークが構築されています。一方で，日本語モデルの評価には，日本語理解能力を測る JGLUE [20] やクイズ知識を問う AI 王のデータセットがよく使われていますが，今後，より多様なタスクを含むベンチマークが構築されることが期待されます。

　下流タスクによる評価は，性能を容易に数値化できるという利点がありますが，ある種の LLM の振る舞いを評価するには不十分です。たとえば，LLM で汎用的なアシスタントを構築する場合，その発話が流暢で人間にとって自然かどうか，また実際に役に立つような返答であるかどうかといった点が重要です。しかし，使用場面が多様で，かつ自由生成されたアシスタントの発話を，定量的に評価することは困難です。そして，人手での評価はコストがかかるため，利用可能な範囲に限りがあります。

　そうした問題を解決すると期待されているのが，LLM を用いた自動評価です。LLM を LLM で評価するというと，何だか不思議な感じがしますが，LLM は人間のような言語能力をもつことが期待されているため，人手評価の代替となり得ます。この場合，評価に用いる LLM は当然ながら高い性能をもつ必要があり，しばしば評価対象の LLM より優れたものが使用されます。

　たとえば，日本語のチューニング済みモデルの評価によく使用されている Rakuda ベンチマーク [67] では，GPT-4 に 2 つのモデルの回答の優劣を判断させるアプローチを採用し，モデルの相対的な性能の差を定量化しています。LLM の回答の形式にかかわらず定量的な評価が可能であるという大きな利点がありますが，内部動作が不明瞭である LLM に判断を委ねていることによる信頼性の問題や，評価モデルにタスクを正しく評価させるためにプロンプトを正確に設計することの必要性などの課題もあります。

6.3　社会への影響

　6.1 項で紹介した技術的な課題と関連して，人間社会への影響も看過できません。すでに述べたように，LLM は必ずしも正しい回答を行えるわけではなく，それどころかご機嫌取りバイアスとして紹介した，あたかも質問者の意図におもねった出力を行うことも少なくありません。これにより，誤情報や，多くの

質問者が意識していない偏見を流布させてしまう危険性があります。

また，5.3 項に記したように，質の良い応答を行うためには質の良いチューニングデータが不可欠であり，質の良いチューニングデータを構築するためには人間の手が欠かせませんが，これが低価格で外注されることがあり，問題視されています[14]。

加えて，LLM が自然環境に与える影響も議論されています [68, 69]。2 節で説明したように，ニューラル言語モデルの性能は学習データ量やパラメータ数に対数比例することが知られています。つまり，性能は学習に用いた計算コストに対数比例するといえます。近年は質の良い LLM を得るために計算コストが大幅に増加しており，それに伴い消費電力や発電のための二酸化炭素消費量も急増しているとして，警鐘が鳴らされています。

6.4　マルチモーダルへの拡張

驚くべき言語能力をもつ LLM ですが，そのままでは入出力はテキストの世界に閉じています。一方で，人間は目や耳を通して複数の感覚情報を統合し，複雑な問題を解決しています。LLM の適用範囲を広げるためには，テキスト以外の情報にも対応可能なマルチモーダルな LLM への拡張が必要です。

ここでは，画像を扱うマルチモーダル LLM に絞って紹介します。たとえば，画像を読み込める LLM は，画像のキャプション生成といった古典的なタスクのみならず，写真やグラフなどの画像を与えられると，その内容を理解し高度な推論を行うことができます。

その構築方法は，大雑把にいえば，画像情報を LLM が読み込むことのできる形式に変換し，LLM に入力するというものです。

非常に単純な方法の 1 つは，画像をテキストに変換し，LLM に入力するアプローチです [70]。学習済みの画像キャプショニングモデルに画像の説明文を出力させ，それを LLM に入力することで，画像情報に基づいた応答をさせます。この方法は，LLM を交えた追加学習が必ずしも必要なく，実装しやすい点で便利ですが，画像をテキストに変換する過程で情報が失われる可能性があります。学習済みの画像キャプショニングモデルが，後段の画像タスクに必要な情報をすべて保存したキャプションを生成することが必要です。

これに対して，画像をベクトルに変換して LLM の入力とすると，LLM がより直接的に画像を読み取り，より高度な推論を行えるようになります。典型的な手法では，画像の事前学習モデルと，LLM の事前学習モデルの間を繋ぐ Adaptor を，画像とテキストのペアのデータセットで学習します [71, 72]。

マルチモーダル LLM は，LLM に比べて応用範囲が大きく広がりますが，LLM 同様にさまざまな問題点も抱えています。マルチモーダル LLM 特有の問題と

[14] たとえば，LLM の出力から暴力的あるいは人種差別的な表現など，有害な部分を除去するためのデータ構築において，OpenAI の外注先の会社は時給 2 ドルで人を働かせていたという報告もあります。

して，物体ハルシネーション（object hallucination）が挙げられます [73]。これは，画像に存在しない物体があたかも存在するかのように LLM が振る舞う現象です。たとえば，写真には弁当しか写っていないのに，「水筒は写っているか？」と尋ねられて「はい，水筒があります」と答えるようなことです。この「弁当」と「水筒」のように，よく一緒に写っているものについて，このようなハルシネーションが起こりやすいことが示されています。

そのほかにも，複数のモダリティを扱うための計算量の増大などの課題を解決していく必要があります。

7　おわりに

本稿では，LLM の事前学習からチューニングまでを概説し，また，LLM の構築や実応用における課題についても紹介しました。3 節で記したように，日本語言語モデルの開発はまだまだ発展途上であり，たとえば事前学習用のコーパスをどのように構築するかについても，詳細な議論を行った研究論文はまだ発表されていません。計算資源が確保できないからか，現在の日本語言語モデルは 10B パラメータ程度のモデルが多く，それ以上となると，Llama 2 を追加学習したものに限られます。高速な推論が可能となる点や取り回しの良さから，パラメータ数が少ないモデルにも需要はありますが，計算機の発展に伴って，途方もないパラメータ数がありきたりなパラメータ数として捉えられる可能性もあり，そのような状況でも世界に遅れをとらないよう，大量のパラメータや大規模なコーパスで学習を行うための知見を蓄積していくことが必要に思われます。たとえば，日本語コーパスは英語に比べるとはるかに小さく，100B パラメータのモデルの構築にあたって，チンチラ則を満たすコーパス，すなわち 2T トークンのコーパスが構築できるかは疑問であり，英語コーパスなど他言語のデータと組み合わせる必要があると考えられます。そのような経験的な知見を蓄積・共有していく土台づくりとして，新規の LLM 開発，特に日本語言語モデル開発の参入障壁の削減に，本稿が少しでも助けになれば幸いです。

謝辞

図 6 は LINE ヤフー株式会社の柴田知秀氏の図を一部改変し使わせていただきました。この場を借りて心より感謝を申し上げます。

参考文献

[1] Long Ouyang, Jeffrey Wu, Xu Jiang, et al. Training language models to follow instructions with human feedback. In *Advances in Neural Information Processing Systems (NeurIPS)*, Vol. 35, pp. 27730–27744, 2022.

[2] OpenAI. GPT-4 technical report, 2023.

[3] Amazon Q. https://aws.amazon.com/jp/q/business-expert/.

[4] Gemini. https://deepmind.google/technologies/gemini/.

[5] Hugo Touvron, Thibaut Lavril, Gautier Izacard, et al. LLaMA: Open and efficient foundation language models. *arXiv preprint arXiv:2302.13971*, 2023.

[6] Hugo Touvron, Louis Martin, Kevin Stone, et al. Llama 2: Open foundation and fine-tuned chat models. *arXiv preprint arXiv:2307.09288*, 2023.

[7] Alexey Dosovitskiy, Lucas Beyer, Alexander Kolesnikov, et al. An image is worth 16x16 words: Transformers for image recognition at scale. In *International Conference on Learning Representations (ICLR)*, 2021.

[8] Yoshua Bengio, Réjean Ducharme, Pascal Vincent, and Christian Janvin. A neural probabilistic language model. *Journal of Machine Learning Research*, Vol. 3, pp. 1137–1155, 2003.

[9] Ashish Vaswani, Noam Shazeer, Niki Parmar, et al. Attention is all you need. In *Advances in Neural Information Processing Systems (NeurIPS)*, Vol. 30, 2017.

[10] Thorsten Brants, Ashok C. Popat, Peng Xu, Franz J. Och, and Jeffrey Dean. Large language models in machine translation. In *Proceedings of the 2007 Joint Conference on Empirical Methods in Natural Language Processing and Computational Natural Language Learning (EMNLP-CoNLL)*, pp. 858–867, 2007.

[11] Tom Brown, Benjamin Mann, Nick Ryder, et al. Language models are few-shot learners. In *Advances in Neural Information Processing Systems (NeurIPS)*, Vol. 33, pp. 1877–1901, 2020.

[12] Jared Kaplan, Sam McCandlish, Tom Henighan, et al. Scaling laws for neural language models. *arXiv preprint arXiv:2001.08361*, 2020.

[13] Changhan Wang, Kyunghyun Cho, and Jiatao Gu. Neural machine translation with byte-level subwords. In *Proceedings of the AAAI conference on artificial intelligence (AAAI)*, pp. 9154–9160, 2020.

[14] Rico Sennrich, Barry Haddow, and Alexandra Birch. Neural machine translation of rare words with subword units. In Katrin Erk and Noah A. Smith, editors, *Proceedings of the 54th Annual Meeting of the Association for Computational Linguistics (ACL)*, pp. 1715–1725, 2016.

[15] Taku Kudo. Subword regularization: Improving neural network translation models with multiple subword candidates. In *Proceedings of the 56th Annual Meeting of the Association for Computational Linguistics (ACL)*, pp. 66–75, 2018.

[16] Tatsuya Hiraoka, Sho Takase, Kei Uchiumi, Atsushi Keyaki, and Naoaki Okazaki. Joint optimization of tokenization and downstream model. In *Findings of the Association for Computational Linguistics: ACL-IJCNLP 2021*, pp. 244–255, 2021.

[17] ELYZA が公開した日本語 LLM「ELYZA-japanese-Llama-2-7b」についての解説：(1) 事前学習編. https://zenn.dev/elyza/articles/2fd451c944649d.

[18] NTT 版大規模言語モデル「tsuzumi」. https://www.rd.ntt/research/LLM_tsuzumi.html.

[19] NEC の大規模言語モデル. https://jpn.nec.com/rd/special/202301/index.html.

[20] Kentaro Kurihara, Daisuke Kawahara, and Tomohide Shibata. JGLUE: Japanese general language understanding evaluation. In Nicoletta Calzolari, Frédéric Béchet, Philippe Blache, et al., editors, *Proceedings of the Thirteenth Language Resources and Evaluation Conference (LREC)*, pp. 2957–2966, 2022.

[21] Jacob Devlin, Ming-Wei Chang, Kenton Lee, and Kristina Toutanova. BERT: Pre-training of deep bidirectional transformers for language understanding. In *Proceedings of the 2019 Conference of the North American Chapter of the Association for Computational Linguistics: Human Language Technologies (NAACL-HLT)*, pp. 4171–4186, 2019.

[22] Jordan Hoffmann, Sebastian Borgeaud, Arthur Mensch, et al. Training compute-optimal large language models. *arXiv preprint arXiv:2203.15556*, 2022.

[23] Common crawl. https://commoncrawl.org/.

[24] Guilherme Penedo, Quentin Malartic, Daniel Hesslow, et al. The RefinedWeb dataset for Falcon LLM: Outperforming curated corpora with Web data, and Web data only. *arXiv preprint arXiv:2306.01116*, 2023.

[25] Pedro J. O. Suárez, Benoît Sagot, and Laurent Romary. Asynchronous pipelines for processing huge corpora on medium to low resource infrastructures. In Piotr Bański, Adrien Barbaresi, Hanno Biber, et al., editors, *Proceedings of the Workshop on Challenges in the Management of Large Corpora (CMLC-7)*, pp. 9–16, 2019.

[26] Linting Xue, Noah Constant, Adam Roberts, et al. mT5: A massively multilingual pre-trained text-to-text transformer. In *Proceedings of the 2021 Conference of the North American Chapter of the Association for Computational Linguistics: Human Language Technologies (NAACL-HLT)*, pp. 483–498, 2021.

[27] Julia Kreutzer, Isaac Caswell, Lisa Wang, et al. Quality at a glance: An audit of web-crawled multilingual datasets. *Transactions of the Association for Computational Linguistics (TACL)*, Vol. 10, pp. 50–72, 2022.

[28] Colin Raffel, Noam Shazeer, Adam Roberts, et al. Exploring the limits of transfer learning with a unified text-to-text transformer. *The Journal of Machine Learning Research*, Vol. 21, No. 1, pp. 5485–5551, 2020.

[29] Hugo Laurençon, Lucile Saulnier, Thomas Wang, et al. The BigScience ROOTS corpus: A 1.6 TB composite multilingual dataset. In *Advances in Neural Information Processing Systems (NeurIPS)*, pp. 31809–31826, 2022.

[30] Guillaume Wenzek, Marie-Anne Lachaux, Alexis Conneau, et al. CCNet: Extracting high quality monolingual datasets from web crawl data. In *Proceedings of the Twelfth Language Resources and Evaluation Conference (LREC)*, pp. 4003–4012, 2020.

[31] Leo Gao, Stella Biderman, Sid Black, et al. The Pile: An 800GB dataset of diverse text for language modeling. *arXiv preprint arXiv:2101.00027*, 2020.

[32] Mohammad Shoeybi, Mostofa Patwary, Raul Puri, et al. Megatron-LM: Training multi-billion parameter language models using model parallelism. *arXiv preprint arXiv:1909.08053*, 2019.

[33] Deepak Narayanan, Mohammad Shoeybi, Jared Casper, et al. Efficient large-scale language model training on gpu clusters using Megatron-LM. In *Proceedings of the International Conference for High Performance Computing, Networking, Storage and*

Analysis, pp. 1–15, 2021.

[34] Vijay Anand Korthikanti, Jared Casper, Sangkug Lym, et al. Reducing activation recomputation in large transformer models. In *Proceedings of Machine Learning and Systems*, Vol. 5, 2023.

[35] Shaden Smith, Mostofa Patwary, Brandon Norick, et al. Using Deepspeed and Megatron to train Megatron-Turing NLG 530B, a large-scale generative language model. *arXiv preprint arXiv:2201.11990*, 2022.

[36] Sidney Black, Stella Biderman, Eric Hallahan, et al. GPT-NeoX-20B: An open-source autoregressive language model. In Angela Fan, Suzana Ilic, Thomas Wolf, and Matthias Gallé, editors, *Proceedings of BigScience Episode #5 – Workshop on Challenges & Perspectives in Creating Large Language Models*, pp. 95–136, 2022.

[37] LLM-Foundary. https://github.com///mosaicml/llm-foundry.

[38] Tri Dao, Dan Fu, Stefano Ermon, Atri Rudra, and Christopher Ré. FlashAttention: Fast and memory-efficient exact attention with io-awareness. In *Advances in Neural Information Processing Systems (NeurIPS)*, pp. 16344–16359, 2022.

[39] Martin Popel and Ondřej Bojar. Training tips for the transformer model. *arXiv preprint arXiv:1804.00247*, 2018.

[40] Sho Takase and Shun Kiyono. Rethinking perturbations in encoder-decoders for fast training. In *Proceedings of the 2021 Conference of the North American Chapter of the Association for Computational Linguistics: Human Language Technologies (NAACL-HLT)*, pp. 5767–5780, 2021.

[41] Jack W. Rae, Sebastian Borgeaud, Trevor Cai, et al. Scaling language models: Methods, analysis & insights from training Gopher. *arXiv preprint arXiv:2112.11446*, 2021.

[42] BigScience Workshop: Teven Le Scao, et al. BLOOM: A 176B-parameter open-access multilingual language model, 2023.

[43] Aohan Zeng, Xiao Liu, Zhengxiao Du, et al. GLM-130B: An open bilingual pre-trained model. In *The Eleventh International Conference on Learning Representations (ICLR)*, 2023.

[44] Ruibin Xiong, Yunchang Yang, Di He, et al. On layer normalization in the transformer architecture. In *International Conference on Machine Learning (ICML)*, pp. 10524–10533, 2020.

[45] Sho Takase, Shun Kiyono, Sosuke Kobayashi, and Jun Suzuki. B2T connection: Serving stability and performance in deep transformers. In *Findings of the Association for Computational Linguistics: ACL 2023*, pp. 3078–3095, 2023.

[46] Hongyu Wang, Shuming Ma, Li Dong, et al. DeepNet: Scaling transformers to 1,000 layers. *arXiv preprint arXiv:2203.00555*, 2022.

[47] Susan Zhang, Stephen Roller, Naman Goyal, et al. OPT: Open pre-trained transformer language models. *arXiv preprint arXiv:2205.01068*, 2022.

[48] Aakanksha Chowdhery, Sharan Narang, Jacob Devlin, et al. PaLM: Scaling language modeling with pathways. *arXiv preprint arXiv:2204.02311*, 2022.

[49] Sho Takase, Shun Kiyono, Sosuke Kobayashi, and Jun Suzuki. Spike no more: Stabilizing the pre-training of large language models, 2023.

[50] Shun Kiyono, Sosuke Kobayashi, Jun Suzuki, and Kentaro Inui. SHAPE: Shifted absolute position embedding for transformers. In *Proceedings of the 2021 Conference on Empirical Methods in Natural Language Processing (EMNLP)*, pp. 3309–3321, 2021.

[51] Masato Neishi and Naoki Yoshinaga. On the relation between position information and sentence length in neural machine translation. In Mohit Bansal and Aline Villavicencio, editors, *Proceedings of the 23rd Conference on Computational Natural Language Learning (CoNLL)*, pp. 328–338, 2019.

[52] Peter Shaw, Jakob Uszkoreit, and Ashish Vaswani. Self-attention with relative position representations. In *Proceedings of the 2018 Conference of the North American Chapter of the Association for Computational Linguistics: Human Language Technologies (NAACL-HLT)*, pp. 464–468, 2018.

[53] Jianlin Su, Yu Lu, Shengfeng Pan, Bo Wen, and Yunfeng Liu. RoFormer: Enhanced transformer with rotary position embedding. *arXiv preprint arXiv:2104.09864*, 2021.

[54] Ofir Press, Noah Smith, and Mike Lewis. Train short, test long: Attention with linear biases enables input length extrapolation. In *International Conference on Learning Representations (ICLR)*, 2022.

[55] Wenhan Xiong, Jingyu Liu, Igor Molybog, et al. Effective long-context scaling of foundation models. *arXiv preprint arXiv:2309.16039*, 2023.

[56] Shouyuan Chen, Sherman Wong, Liangjian Chen, and Yuandong Tian. Extending context window of large language models via positional interpolation. *arXiv preprint arXiv:2306.15595*, 2023.

[57] 日本語 LLM ベンチマークと自動プロンプトエンジニアリング. https://tech.preferred .jp/ja/blog/prompt-tuning/.

[58] Yongchao Zhou, Andrei Ioan Muresanu, Ziwen Han, et al. Large language models are human-level prompt engineers. In *The Eleventh International Conference on Learning Representations (ICLR)*, 2023.

[59] Edward J. Hu, Yelong Shen, Phillip Wallis, et al. LoRA: Low-rank adaptation of large language models, *arXiv preprint arXiv:2106.09685*, 2021.

[60] Chunting Zhou, Pengfei Liu, Puxin Xu, et al. LIMA: Less is more for alignment. In *Advances in Neural Information Processing Systems (NeurIPS)*, pp. 55006–55021, 2023.

[61] Joshua Maynez, Shashi Narayan, Bernd Bohnet, and Ryan McDonald. On faithfulness and factuality in abstractive summarization. In *Proceedings of the 58th Annual Meeting of the Association for Computational Linguistics (ACL)*, pp. 1906–1919, 2020.

[62] Kazuki Matsumaru, Sho Takase, and Naoaki Okazaki. Improving truthfulness of headline generation. In *Proceedings of the 58th Annual Meeting of the Association for Computational Linguistics (ACL)*, pp. 1335–1346, 2020.

[63] Timo Schick, Jane Dwivedi-Yu, Roberto Dessì, et al. Toolformer: Language models can teach themselves to use tools. *arXiv preprint arXiv:2302.04761*, 2023.

[64] Tatsuro Inaba, Hirokazu Kiyomaru, Fei Cheng, and Sadao Kurohashi. MultiTool-CoT: GPT-3 can use multiple external tools with chain of thought prompting. In *Proceedings of the 61st Annual Meeting of the Association for Computational Linguistics (ACL)*, pp. 1522–1532, 2023.

[65] Percy Liang, Rishi Bommasani, Tony Lee, et al. Holistic evaluation of language models. *Transactions on Machine Learning Research*, 2023.

[66] Aarohi Srivastava, Abhinav Rastogi, Abhishek Rao, et al. Beyond the imitation game: Quantifying and extrapolating the capabilities of language models. *Transactions on Machine Learning Research*, 2022.

[67] The Rakuda Benchmark. https://yuzuai.jp/blog/rakuda.

[68] Emma Strubell, Ananya Ganesh, and Andrew McCallum. Energy and policy considerations for deep learning in NLP. In *Proceedings of the 57th Annual Meeting of the Association for Computational Linguistics (ACL)*, pp. 3645–3650, 2019.

[69] Roy Schwartz, Jesse Dodge, Noah A. Smith, and Oren Etzioni. Green AI. *Communications of the ACM*, Vol. 63, No. 12, pp. 54–63, 2020.

[70] Kunchang Li, Yinan He, Yi Wang, et al. VideoChat: Chat-centric video understanding, 2023.

[71] Haotian Liu, Chunyuan Li, Qingyang Wu, and Yong Jae Lee. Visual instruction tuning. In *Advances in Neural Information Processing Systems (NeurIPS)*, 2023.

[72] Junnan Li, Dongxu Li, Silvio Savarese, and Steven C. H. Hoi. BLIP-2: Bootstrapping language-image pre-training with frozen image encoders and large language models. In *International Conference on Machine Learning (ICML)*, pp. 19730–19742, 2023.

[73] Yifan Li, Yifan Du, Kun Zhou, et al. Evaluating object hallucination in large vision-language models. In *Proceedings of the 2023 Conference on Empirical Methods in Natural Language Processing (EMNLP)*, pp. 292–305, 2023.

たかせ しょう／きよの しゅん／り りょうかん
（LINE ヤフー株式会社/SB Intuitions 株式会社）

イマドキノ Robot Learning
基盤モデルからマニピュレーションへ

・・・

■元田智大　■中條亨一　■牧原昂志

　本稿では，自然言語やコンピュータビジョンの分野だけではなく，ロボティクス分野においても近年大きく注目されている「基盤モデル」がロボットマニピュレーション[1] の発展にどの程度寄与するのか，という視点のもとで，「イマドキノ Robot Learning」を読み取っていきたい。

　まず，1 節において，「基盤モデル」の登場の背景と基本知識について紹介する。次に，2 節では，ロボティクス基盤モデルに関連する技術紹介を行う。ロボットにおける基盤モデルとはどういったものか，どのような応用が可能か，といった点について，具体的な事例を交えながら説明する。最後に 3 節で，現状の課題を紹介しつつ，今後の展望について解説する。基盤モデルがマニピュレーションと融合した未来像を描き，その実現に向けて必要な技術的・社会的な課題を考察する。

1　ロボティクス基盤モデル登場の背景

　近年，慢性的な働き手の不足と，働き方の多様化など，社会的・経済的な変化が急速に進んでいる。生産性の向上を目的として，ロボットは各種の産業分野で普及しており，従来は製造ラインの自動化が一般的だったのに対し，最近では案内や給仕などのサービスを提供するロボットも登場している。ロボットの社会とのかかわり方は大きく変容しており，人の仕事が奪われるのではないかという懸念がありつつも，最先端の技術を迅速に導入し，負担だった業務を自動化しようとする方向に社会は動いている。そのためには知的な業務を遂行するのに必要な能力をもつ人工知能（AI）の技術が不可欠であり，第 3 次 AI ブーム[2] と呼ばれる現在においては，深層学習や生成 AI など，ますます高度化が進む AI に注目が集まっている。

　ロボットによる自動化の文脈において，単純作業の繰り返しは遠い昔のことであり，昨今のロボット研究では，人間のような知的な振る舞いや行動決定が求められる。ただ，現実的な話をすると，産業ロボットによるオートメーション化やサービスロボットの活用の事例を目にする機会が増えたとはいえ，ほと

[1] ハンドを先端に搭載したロボットマニピュレータにより，把持対象物を操ること。人が行うような料理，掃除，洗濯，片づけなどの手作業が研究課題となっている。

[2] 深層学習が現れた 2006 年から現在に至って続いている。

んどの場合，本来の目的を超えて利用することは非常に困難である。なぜなら，ロボットの動作を調整する専門家が，利用者の要望を満たしつつ，目的を確実に実行できるようにロボットを設計し，プログラムに組み込んでいるためである。こうしたプログラムの実装はハードコーディング[3]と呼ばれ，一般にコストがかかる点や，仕様や状況の変化に対応しづらいことが知られているが，安全を第一とする社会の中では，限られた既知のシステムにおける頑健さの保証とともに，説明可能性が極めて高い設計は他に代えがたい利点である。ロボットビジョンの処理やアームの軌道制御に関する技術の向上は凄まじく，外見からは知的なロボットに映ってしまうが，人間の知的さとは異なる[4]。少し前のロボティクス分野，一部の産業分野の中では，AI技術は確かに優れており，確かに発展しているが，それは認識や判定にかかわる部分に留まり，細かい要求に応えつつ知的に振る舞って高い信頼を与えられるのは結局人間である。少し前の状況からすれば，人間の知的な部分が置き換わるのは，まだ遠い未来の話であると想像していたかもしれない。

そんな中，大規模言語モデル（large language model; LLM）や大規模視覚モデル（large vision model; LVM）など，さまざまなタスクに適用可能な基盤モデルが登場し，ロボットが人間の知識や経験を超えた創造性や判断力を発揮して，人間のように非定型的で複雑な作業を行えるようになる可能性も出てきた。医療や福祉などの介護業務，教育や芸術などの創造業務，法律や政治などの社会業務，研究や開発などの知識業務なども，いずれはAIに置き換わるのではないかと思わせる意欲的な研究が続々と発表されている最中，ロボティクス分野でもアクション（行動）を含む「ロボティクス基盤モデル」というキーワードが登場し，注目度の高い研究 [1] がすでに発表されている。ロボット研究の専門家においても，基盤モデルの議論を「対岸の火事」や「便利な道具が出てきた」と認識するようでは非常に甘い。では，「アクション」（行動，動き）を含むロボティクスとこれがかかわる基盤モデルは，今どこまで発展しているのか。

以下では，基盤モデルについて詳しくない読者を想定し，具体的な事例を交えながら，基盤モデルの1つであるLLMについておさらいしていこうと思う。

基盤モデル（foundation model）は，大量かつ多様なデータで訓練され，幅広いタスクにも適応できる大規模なモデルを指す言葉として定義されている（図1）。基盤モデルは，2021年にスタンフォード大学のワーキンググループによって命名された [2]。しばしばLLMがその代表例として挙げられる。基盤モデルの黎明期においては，自然言語によるチャットボットに関する発表が相次いだことから，LLMが基盤モデルとして認識されていたが，その後，視覚・聴覚・触覚などの感覚を対象にしたモデルが発表され，現在では幅広い意味で「基盤

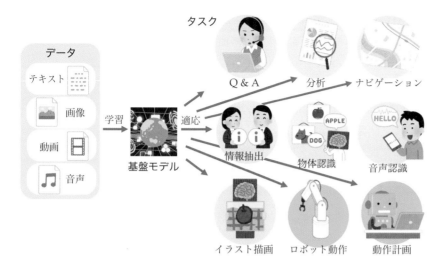

図1　基盤モデルのイメージ。ロボティクス基盤モデルはロボット動作や動作計画に対する汎用性を有することが期待されている。

モデル」のキーワードが用いられるようになった。

　2017 年に Transformer [3] が登場したことで，自然言語処理（natural language processing; NLP），コンピュータビジョン（computer vision; CV），Vision and Language（VandL）の分野で画期的な技術進歩が実現した。Transformer で特筆すべきは自己注意機構であり，高度な非線形変換により系列データ内の相関を緻密に捉え，学習性能を向上させることに成功している。また，Transformer は並列計算との相性が良く，回帰型ニューラルネットワーク（recurrent neural network; RNN）のような再帰結合をもつ系列データ処理のモデルと異なり，Positional Encoding を利用して系列データの一括処理を可能にしたことで学習時間を短縮した。これらによって系列データの学習性能の向上と学習時間短縮を同時に実現し，モデルの大規模化と大規模データの処理が可能となって，現在の大規模基盤モデルが構築されるに至った。

　Transformer が機械翻訳の学習モデルとして発表されると，NLP 分野から BERT [4] や GPT [5] が提案され，学習モデルの大規模化が始まった。BERT では，意図的に欠損させた原文を穴埋めさせる学習方法（マスク言語モデル; masked language model）と，入力した 2 つの文が実際の文章として連続するかどうかを判定する自己教師あり事前学習法（次文予測; next sentence prediction）が提案され，人手によるアノテーションに頼らない文章構造の獲得に効果を発揮している。GPT では，事前学習した Transformer モデルを特定の課題ごとにファインチューニング（fine-tuning）[5] することで，少ないデータからでもさまざまな課題を学習させることができている。データ量とパラメータ規模を拡大する

5) 学習済みモデルを別の課題や作業のデータで追加学習させ，より適したパラメータ値へと調整すること。

ことで精度が上昇していくことが明らかになり，GPT-1 が登場した 2018 年当時 1.17 億だったパラメータ数は大幅に増加し，2019 年以降には 100 億パラメータを超える LLM が続々と発表されている [6]。

CV 分野では，畳み込みニューラルネットワーク（convolutional neural network; CNN）が主流であったが，2020 年に Vision Transformer（ViT）[7] が登場し，状況が一変した。ViT では画像を分割したパッチを NLP における単語として捉え，系列データとしてそれらを ViT に入力する。画像認識でほとんどの CNN 手法の精度を上回ったことで注目され，さらに事前学習に用いる訓練データの増加に伴い，その認識精度が向上することが発見された。データに加えてパラメータ規模によるスケール則は ViT でも明らかであり，ViT-22B [8] では Zero-shot [6] 認識をはじめ，さまざまな画像認識課題で最高水準を示したほか，Segment Anything [9] は学習モデルによるアノテーションを提案し，10 億以上の領域情報のアノテーション付き画像データセットを半自動的に収集可能にしている。

VandL 分野では，言語と視覚の特徴ベクトルを関連付ける CLIP [10] が学習手法として広く応用されている。CLIP では言語・視覚ペアの特徴ベクトルどうしで類似度が大きくなるように対照学習する。対照学習後は，画像に紐づくテキストトークンを画像認識のクラスとして扱うことで，学習モデル自身が Zero-shot の画像認識機としても機能する。画像生成 AI では，CLIP で事前学習したテキストエンコーダからテキストの特徴を抽出した後，拡散モデルにより画像を復元する手法が数多く登場している。

ロボティクスの分野では，言語や視覚を活用した事例が増えてきており，対話による制御や知識に基づいた行動決定の研究が注目されている。しかし，本質的にロボットにとって重要なのは「動き」，つまり「アクション」であるため，ロボティクス基盤モデルにはアクションを包括的に取り扱うことが期待される。以降では，ロボティクス基盤モデルに着目する。

2　ロボティクス基盤モデル

ここで「ロボティクス基盤モデル」とは何かを考えたい。前述の定義によれば，基盤モデルは「事前の学習によらずどんなタスクにも対応できるモデル」である。昨今ロボット学習（robot learning）においては，深層学習（deep learning）をロボティクスへ応用する研究開発が進んでおり，特に End-to-End（E2E）学習とアルゴリズムが数多く提案されたことで，従来困難とされた課題が訓練データ（過去の経験）の蓄積から解決可能となった。具体的にいえば，ロボットの制御に関するシステムは，センサやモータなどの低レベルの入出力から，高レ

6) 追加情報を与えずに指示出しだけで回答を得ること。

ベルの目標や戦略までを一貫して学習する。一方，ロボットのシステムは，タスクに対して個別のモデルや独自のデータセットが必要であるため，必ずしも幅広い用途に使えるわけではないという点に注意が必要である。そのため，AIを導入することは，人手で地道にソフトウェアを開発することと比べて，本当に社会にとって有意義であるか，正しい導入なのかということが，しばしば議論となっている。ただ，ロボティクスの分野で基盤モデルが構築されると，あらゆる環境への適用が可能になったり，ロボットの運用で最も大変なティーチング[7] に必要な作業量の大幅な削減が実現したりする。つまり，AI を用いる強い利点が生まれるはずである。

NLP，CV や VandL 分野で基盤モデルが提案されたことにより，基盤モデルのロボティクス分野への展開も期待されており，特に注目されているのは，2022年末から登場した Robotics Transformer（RT）[1, 11, 12, 13] である。ここでいうロボティクス基盤モデルとは，

> 言語や画像などを入力として直接ロボットの行動を生成するような E2E のモデルを大規模化したものを指し，Zero-shot あるいは Few-shot[8] で実環境でのロボット動作が可能なもの

と定義する。このような考えは，ロボット学習のためのオフラインデータ[9] の蓄積という面で以前から取り組まれており，また，学習モデルに関しても模倣学習の枠組みで個別のタスクを解く方法がすでにある。これらのデータ，学習モデルのサイズをスケールアップさせたものが，近年のロボティクス基盤モデルとして紹介されている。以下では，ロボティクスのこれまでの流れを汲み取りつつ，最新の事例を紹介する。

2.1 ロボットのオフラインデータ

E2E の動作生成モデル[10] の学習を行う上では，ロボットの行動情報を記録したデータが必要となる。基本的には，ある視点からの動画と，それに付随したロボットの関節角や手先位置情報などの時系列情報を利用することが多い。模倣学習を行う上では，使用するロボットやシーン，物体をある程度統一して小規模に利用することが多いが，一般公開されているデータセットでは，RoboNet [14] や BridgeData [15] が比較的大規模なものとして挙げられる。これらのデータセットには，6 または 7 自由度のマニピュレータを使用してテーブル上の日用品を操作する動作が含まれており，さまざまな種類のロボットやハンド，シーン（物体の数や置かれ方），物体（剛体や柔軟物）を取り扱っている。たとえば RoboNet では，7 種類のロボットおよび 6 種類のハンドで，箱内やテーブル上に乱雑に置かれた複数の日用品を操作するシーンを作成している。また，同じ

7) 教示。ロボットにプログラムを与えて目的の動作を教え込むこと。

8) 少数の例を与えるだけで回答を得ること。

9) 事前に集めたデータを指す。

10) 画像などを入力としてロボットの行動情報を出力する深層学習のモデルのこと。

シーンを複数の視点から見たデータを収集しており，合計で 1500 万フレームの画像とロボットの行動が記録されたものとなっている。

データ収集の取り組み

　実環境のロボットデータは，インターネットから収集が可能な言語や画像などのデータに比べると量は少なく，新たに作成するには，環境（ロボットと物体）を人手で逐一用意し，動作システムを実時間で管理し続ける必要があるため，人的，時間的なコストが大きい。しかしながら，このようなデータは模倣学習など実ロボットの動作を実現するのに適しているデータであり，質の良い少ないデータをうまく利活用する工夫が求められる一方で，最近ではデータの量やバリエーションをともに大規模にする動き [12] もある。

　データを収集するシステムとしては，遠隔操作を用いてロボットの関節を直接動かしてデータを取得する方法が多い（図 2）。図 (a) は，VR デバイスを用いてオペレータ[11] がロボットに取り付けられたカメラ映像を見ながら操作を仮想的に行い，その手先位置を収集してロボットに真似をさせる方法 [16] を示している。図 (b) は，リーダ・フォロワシステム（leader-follower system）と呼ばれる仕組みで，ロボットと同じまたは似た構成のリーダロボットの手先をオペレータが直接握って動かし，リーダの関節角の動きを再生するようにフォロワが動く。これはもともと，遠隔地にいる専門のオペレータがロボットを直感的に操作するためのシステムとして，Human-Robot Interaction（HRI）の分野で研究された仕組みであるが，模倣学習のデータを収集する方法としても用いられることが多くなってきている。

　ロボットを遠隔操作することによるデータ収集は，人的コストがかかるだけではなく，直感的な操作性を確保した上で人間の動きを的確に記録できること

[11] ロボットを操作する人。操縦者。

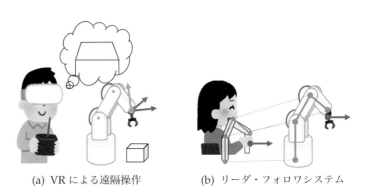

(a) VR による遠隔操作　　　　(b) リーダ・フォロワシステム

図 2　データ収集を目的とした遠隔操作システムの例

が必要である。また，多くの場面で簡単に利用できるようにすることが，データのスケールアップと質の確保には重要である。そこで，近年では，低コストで直感的な操作を可能にするような例が増えている。ALOHA [17] や GELLO [18] においては，安価な部品や 3D プリンタで自作できる物体を利用するところに重点を置いてシステムを構築しており，オペレータの視点で直接物体を操作できるように，リーダとフォロワをオペレータに対して対称に置くような構成をとり，高速にオペレータの動作を再生できるようにしている。これによって，VR デバイスの場合よりも視点の融通がきき，また，自身の身体に近いフォロワがいることで直感性を確保できている。このシステムを用いると，コンタクトレンズの装着や紐の操作など，双腕による精密な作業もデータとして取得できる上，Mobile ALOHA [19] など移動を含めたデータも収集できる。

　ロボットに教示する以外に，人間の行動データを利用する事例も少なくない。人間の動画と行動が記録された大規模なデータとして，Ego4D [20] が挙げられる。また，人間の行動データを直接利用することはなくても，手の軌道や視覚的な時系列情報の潜在表現をロボットの学習に利用する方法はいくつか提案されており [21, 22]，大規模データを使う一手法として確立されている。さらに，ロボットの手先にカメラをつけ，視点を随時更新していくビジュアルサーボ（visual servoing）の仕組みを用いたインターフェースを用いてデータを収集する例 [23] もある。ロボットハンドを模した仕組みとカメラだけで構成されるインターフェースによって，視点の変化をロボットの行動データとして記録しており，人間の手の動きを視点に含まないことで，効果的なデータ収集を可能にしている。このように，ロボットの直接教示，人間の実演，その両方を兼ねたインターフェースなど，幅広い枠組みによってロボットの行動データを収集できるようになっている。

複数の感覚情報の利用

　多くのロボット動作データには，画像とロボットの行動情報（関節角または手先位置姿勢など）が記録されているが，複雑なマニピュレーションになると，それだけでは所望の操作を実現できなくなる可能性がある。例として組み立て作業を挙げると，位置の制御に加えて速度や力の制御が必要になる場合は，力の情報が求められる。力が取得できるセンサの種類としては，多くの産業用ロボットに搭載されるようになってきている関節トルクセンサや，手先に取り付ける通常の力覚センサのほかに，ロボットハンドの指に取り付ける触覚センサ [24] や視触覚センサ [25] が挙げられる。力の情報を用いた模倣学習は多くはないが，マルチモーダルな情報を扱うことで，より正確で複雑な操作を実現できるという報告もある [26]。

E2E のロボット動作生成モデルの精度を上げるためには，モデルサイズを大きくすることが 1 つのアプローチである。しかし，一方で推論速度が落ちることになる。力が必要な操作は特に高速な推論が必要であるため，精度が代償になる。蒸留[12] などの手法を用いて推論モデル構造を小さくする取り組みがあるが，実応用に最適な手法に関しては議論の余地がある。さらに，データ収集においてはオペレータの個人差があり，失敗を経てタスクに成功するような素人のデータと，洗練された操作を行う職人のデータでは大きな違いがある。こうしたデータの質に関しても議論が必要である。

シミュレーションの活用と学習への転用

ここまで，実環境によるデータ収集について紹介してきたが，そのコストの高さからスケールアップが困難であることや，データの質に偏りが生じる問題が残っており，解決のための検討が進められている。Google は大量のロボットを同時に稼働して大量のデータ収集 [27] をしていたが，コストの課題を解決するために，2017 年から 2021 年頃にかけてシミュレーションデータを活用するアプローチを提案している [28, 29]。マニピュレーション向けのシミュレーションデータに関しては，Blender[13] などのレンダリングエンジンや，Bullet[14] などの物理エンジンを組み合わせたソフトウェアがいくつか出てきたが，その質に関しては現実のデータと大きな隔たりがあった。

しかし，近年では写実的なシミュレーションができるようになってきており，レンダリングに関してはコンピュータグラフィックス分野においても Physically Based Rendering（PBR）[15] などのテクニックの活用や，接触モデル，干渉判定の改良など，進歩が著しい。特に柔軟物シミュレーションについては，有限要素法によって繊細な流体の表現が可能になってきており，対象物体の幅も大きく広がっている。代表例としては Toyota Research Institute[16] の Drake [30] や NVIDIA の Issac sim [31] が挙げられ，物流倉庫やマニピュレーションの精巧なシミュレーションを可能にしている。その技術はこの先さらに向上していく可能性があるが，完全には現実とのギャップを埋めることはできないため，Sim2Real 転移[17] と呼ばれる技術が必要である。

Sim2Real の手法は，以下の 4 つに分けられる（図 3）。

(a) システム同定（system identification）：シミュレーション自体を限りなく現実に近づけるように，現実のデータなどを利用してパラメータ同定を行う。

(b) ドメイン適応（domain adaptation）：シミュレーションから現実への変換（画像が主）を学習する。

[12] もとの大きな学習モデルから必要な知識のみを取得して，より小さいモデルで学習することで，単純に小さなモデルのみで学習するよりも良い精度を得ること。

[13] オープンソースの 3DCG ソフトウェア。3D モデリングやアニメーション制作など，幅広い機能を有する。

[14] オープンソースの物理演算エンジン。研究用途のほか，ゲーム用のエンジンとしても利用事例がある。

[15] リアルタイム CG の描画に用いられるレンダリング技法の 1 つ。現実空間での光学現象（光の反射や屈折など）を厳密に再現するようにモデル化する。

[16] 2016 年 1 月にトヨタ自動車により設立された，人工知能技術に関する先端研究を行う研究機関。

[17] Simulation-to-Real の略称。シミュレーションのデータやモデルを現実空間で利用できるようにするテクニック全般のことをいう。

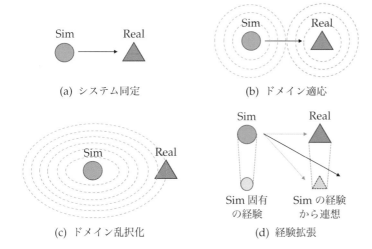

図 3　Sim2Real によるドメイン転移（参考："Domain Randomization for Sim2Real Transfer"，https://lilianweng.github.io/posts/2019-05-05-domain-randomization/，2024 年 3 月 8 日閲覧）

(c) ドメイン乱択化（domain randomization）：シミュレーション内で幅広い状況を学習する。変更可能な数値パラメータを決まった範囲でランダムに与える。

(d) 経験拡張（experience augmentation）：シミュレーションのみで得られる真の情報を利用して学習を促進する。

　扱う入力情報は，視覚とダイナミクスが対象になることが多いが，パラメータ化が可能なものという制限があるため，視覚であれば RGB，動力学であれば摩擦係数といったような数値を取り扱うことが多い。これまでにさまざまな手法が提案されており，実環境のロボット操作においてある程度の成功率を出せるようになっている [28, 29, 32]。しかし，Sim2Real はこれ以上の発展がないことが知られており，OpenAI がルービックキューブのインハンドマニピュレーション（in-hand manipulation）[18] を可能にした例 [33] が 2021 年に発表されて以降は，実データ収集に舵を切る [1] 流れになっている。

　一方で，シミュレーションと現実環境のハイブリッドな使い方として，実画像の特定の部分（対象物体や背景など）を自動で差し替えてデータを拡張していく方法 [34] や，シミュレーションのみであっても Issac sim のネジ締めの接触表現のように，シミュレーションを高精度化して簡単に Sim2Real を実現する手法 [35]，LLM による Motion planning モジュールの自動選択を使ったデータ収集 [36] や Task And Motion Planning（TAMP）を組み合わせる [37] などして，データを容易に拡張できるようにする手法も提案されている（図 4）。こ

[18] ロボットハンドで把持した対象物の位置や姿勢をハンド内で変更する動作のこと。

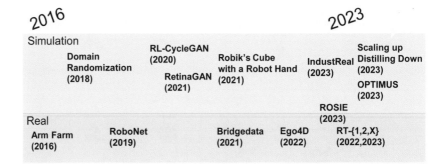

図 4 オフラインデータ収集のトレンドの変遷

のように，現実環境とシミュレーションのいずれかという結論ではなく，それぞれのメリットを活かしていくことが必要だと考えられる。

2.2 強化学習と模倣学習

ロボットは，カメラ画像や触覚などさまざまなセンサ，ロボット自身の体性感覚を状態として受け取り，ある意思決定を行って行動する。ここでは，意思決定を司る方策の学習方法として，マニピュレーション分野で代表的な強化学習と模倣学習に焦点を当てる。2 つの学習手法は，目標とする学習対象で分けられ，

- **強化学習**（reinforcement learning）：観測した状態から報酬を最大化する行動を選ぶように方策を学習する
- **模倣学習**（imitation learning; behavioral cloning）：熟練者からの実演を再現するように方策を学習する

として区別できる（図 5）。深層学習を用いるロボットマニピュレーション研究では，環境との相互作用からオンラインに学習する強化学習手法の台頭に始まり，しだいにオフラインデータを活用した手法へ移り変わっていった。図 6 に概要をまとめておく。以降の説明では，強化学習・模倣学習の事例を追った後，ロボット基盤モデルに向けた大規模データセットへのスケールアップと強化学習・模倣学習の繋がりについて説明する。

強化学習：オンラインデータからオフラインデータへ

強化学習は，エージェントが環境から観測した状態をもとにして，報酬を最大化する行動を選ぶように，エージェント内部の方策を学習する方法である。ロボットマニピュレーションでは，観測した画像から手先位置や関節角速度を

報酬を最大化する学習
行動
状態
報酬
商品を掴んだ　→ 報酬
商品を崩した・落とした
→ 罰（負の報酬）
(a) 強化学習
実演を再現する学習
熟練者の実演
状態・行動
(b) 模倣学習

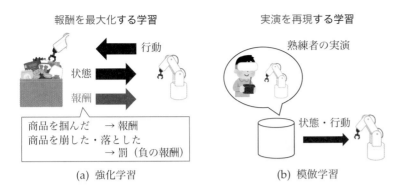

図 5　強化学習と模倣学習

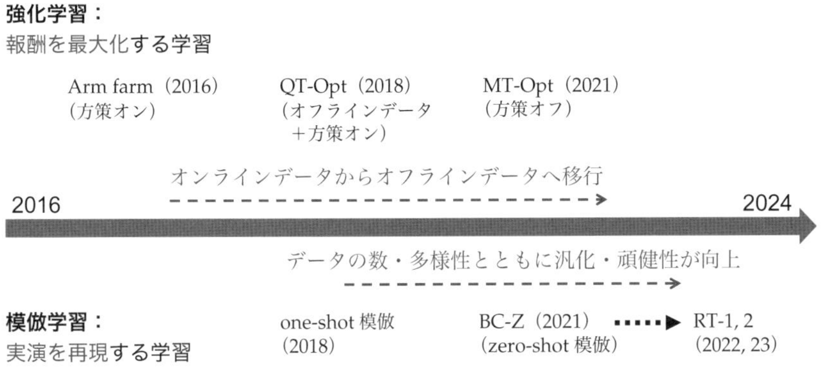

強化学習：
報酬を最大化する学習
Arm farm（2016）
（方策オン）
QT-Opt（2018）
（オフラインデータ
＋方策オン）
MT-Opt（2021）
（方策オフ）
オンラインデータからオフラインデータへ移行
2016
2024
データの数・多様性とともに汎化・頑健性が向上
模倣学習：
実演を再現する学習
one-shot 模倣
（2018）
BC-Z（2021）
（zero-shot 模倣）
RT-1, 2
（2022, 23）

図 6　強化学習・模倣学習の変遷

行動として予測し，タスクの成否や障害物への衝突を報酬として学習する。強化学習は，方策の学習とそれに基づく行動選択に応じて，

- **方策オン**（on-policy）：エージェントは行動・学習とも同じ方策を使用する
- **方策オフ**（off-policy）：エージェントは行動と学習で別々の方策を使用する

の 2 つに分けられる（図 7）。方策オンは，試行ごとに方策の学習と作業の実行を繰り返し，ロボットは常に最新の方策を使ってオンラインに学習する。方策オフでは，一定期間の作業の記録を保存し，その記録から方策を学習する。保存する作業の記録には，すでに学習済みの方策で収集したデータなど，過去の記録を適用してもよく，データをオフラインに保持しておくことが可能である。

E2E 学習が登場した 2016 年当時は，方策オンによる強化学習が主流であった。方策オンでは現在の方策に基づいて環境との相互作用を経て行動を選択で

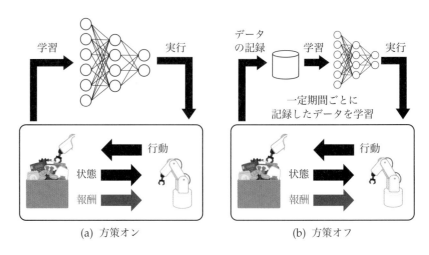

図7　方策オンと方策オフ

きるため，エージェントは環境内での実際の変化を観測しながら学習できる利点がある。一方で，探索的な行動選択を求められる上，常に最新の方策を使って訓練データをサンプルする必要がある。ロボットを使った方策オン学習で十分な成果を得るには，長時間の試行錯誤が必須であった。Google は，自社の研究施設 Arm Farm で 6〜14 台のロボットを 2 か月にわたって稼働し，ビンピッキング（bin-picking）[19] を学習させ，その総試行回数は 80 万回にも及んだ [27]。実ロボットを使った方策オンの強化学習は，設備・時間コストの観点から一部のビッグテック企業に限られることになる。こうしたコストの問題は，ロボットの強化学習実験がシミュレーションに環境を移され，続いてシミュレーションの学習結果を転移させる Sim2Real が盛んになった大きな理由の 1 つである。

　しかし，マニピュレーション作業や操作対象が複雑になるほど，現実に沿ったシミュレーション表現や実ロボットの試行錯誤は困難であり，方策オンから方策オフの学習手法へと変遷していくことになる。方策オフの強化学習では，事前収集した訓練データセットや過去の経験データから学習できるため，データ収集にかかる労力を削減できる。つまり，人間による実演や設計された探索手法をデータセットに組み込めるため，ランダムな探索に頼らない学習が実現できる。一方で，学習中は環境からのフィードバックを得られないため，収集したデータセットと実環境からサンプルしたデータに隔たりが生じるおそれがあり，完全なオフライン学習だけで適した方策を得ることも難しい。

　2018 年に発表された QT-Opt [38] では，実験者が事前設計した探索手法や学習中の方策を組み合わせて，データ収集と方策オフ学習を繰り返し，次にオフラ

インデータの学習で獲得した方策を方策オン学習でファインチューニングすることで，少ない試行回数で方策オン学習より高い作業成功率を達成した。ビンピッキングで比較すると，QT-Opt は 7 台のロボットで合計 800 時間，58 万回のオフラインデータのみでも方策オン学習 [27] より高い成功率を示すことが報告されている。さらに 2021 年には，作業の成功判定とオフラインデータセットの規模を作業ごとに自動的に均一化する MT-Opt [39] が提案された。MT-Optでは，サンプルしたデータとオフラインデータの隔たりを埋めつつ，収集手順を自動化してデータセット規模を拡大している。

模倣学習：エキスパートから学習する

　模倣学習は，事前に収集したデータから行動を再現するように方策を学習する手法である（図 8）。深層学習分野では自動運転が代表的な応用の 1 つであり，運転者の運転データを記録し，このデータからアクセル，ブレーキやハンドル操作を再現するように学習する。ロボットマニピュレーションでは，教師役のオペレータによる実演や遠隔操作を運動データとともに画像や言語データとして記録する。模倣学習では，強化学習で与えた報酬は使わずに，一般的な教師あり学習で方策を学習できる。初めからオペレータの実演を直接再現するように学習するため，強化学習と比べて少ない訓練データで学習できる。一方で，与えられる実演の質が学習結果に直結するため，教師役のオペレータは熟練した操縦技術をもっている必要がある。未知の状況に対する汎化能力も事前収集したデータセットに依存するため，オペレータには十分に多様性を担保した実演が求められる。

　大規模なオフラインデータを収集して実ロボットを模倣学習で学習させる動きは，2018 年頃から事例が増えている。2017 年に，ブロックの積み上げタス

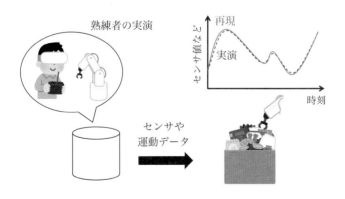

図 8　模倣学習による実演の再現

クにおいて，単一の実演の提示からファインチューニングを行える one-shot 模倣が提案され [40]，翌 2018 年には，人が作業する映像からロボットが作業を再現する one-shot 模倣が発表された [41]。この手法では，ロボットデータには約 600〜1,300 試行の運動・画像データを使い，人の作業映像から卓上のマニピュレーションを再現している。

2018 年の one-shot 模倣では，実演データは 1,000 試行前後でも，言語モデルが登場して言語データを訓練データに含むようになり，データセット規模が拡大している。2021 年に発表された BC-Z [42] は，画像と言語の特徴を関連付け，言語指示から zero-shot で卓上のマニピュレーションを実現した。この手法では，2.6 万試行の運動データの組を方策の学習に使用している。続く 2022 年に提案された模倣学習モデルでは，8.7 万試行の運動データを学習に使用し，使用者の言語指示に即時的に応答可能な卓上マニピュレーションを達成した [43]。

収集データの規模とともにデータの多様性も拡大したことで，マニピュレーションの汎化性や頑健性は向上している。学習する実演の質が極めて重要な模倣学習では，訓練データセットの規模を数・多様性ともに拡張するために，直感的な遠隔操作システムが必要不可欠である。本項で挙げた事例でも，one-shot 模倣のブロック積み上げ作業 [40] だけはシミュレーション上でプログラムによる自動収集を扱っているが，それ以外は，VR デバイスを使った遠隔操作 [16] をもとにしたデータ収集であり [41, 42, 43]，後述の RT-1 も同様である。

ロボティクス基盤モデルへ向けて

ここまで強化学習・模倣学習に注目して，オフラインデータへの変遷とデータのスケールアップについて紹介してきた。続いて，ロボット分野における基盤モデルを目指した学習アーキテクチャを紹介し，ロボティクス基盤モデルに向けた学習モデルのスケールアップへと話題を進めたい。

他の基盤モデル技術が Transformer をベースとして急速に発展しているのと同様に，ロボット分野でも Transformer を用いた学習アーキテクチャが続々と提案されている。まず，最たる例は RT シリーズ [1, 11, 12] だろう。RT シリーズの最初のモデルである RT-1 [1] は，模倣学習の規範に基づいて Transformer を用いた言語・画像・運動からのモバイルマニピュレータの学習を実現している。744 種類の作業に対して約 13 万試行の訓練データを収集し，言語指示や画像の入力からロボットアームや台車の運動と作業の状態を推定するように，Transformer を学習させる。続く RT-2 [11] は，ロボットの手先位置や台車の運動を一種の言語トークンに変換することで，運動を VandL モデルの一部として解決できることを示している。さまざまな研究機関がマニピュレーションのデータセットを共有・成形して RT-1，RT-2 を学習させた Open-X-Embodiment [12]

では，データセットやパラメータ規模の拡張が元来の RT-1，RT-2 を上回る性能をもたらすことを検証しており，スケール則がロボットマニピュレーション分野にも当てはまる可能性を示唆している。

Decision Transformer [44] は，Transformer をオフライン強化学習の学習規範に適用する手法として提案された。Decision Transformer は報酬・状態・行動を系列データとして入力し，状態に対して行動を予測する。特徴的なのは，入力に与える報酬として将来獲得できる報酬の累積値を使用する点である。累積の報酬和が方策の条件付けとしてはたらき，指定された報酬を達成するための目標志向な動作生成を可能にしている。累積報酬による条件付けは Transformer の時系列処理とも相性が良く，特に長期動作の作業で他の手法より高い推論能力をもつことが示された。また，Decision Transformer は強化学習の規範のもとで提案された学習モデルであるが，オフラインデータセットから方策オフに学習できることから，報酬で条件付けされた模倣学習モデルとも捉えられる。テレビゲームに Decision Transformer を適用した事例では，与える累積報酬で挙動が大きく異なり，高い報酬には熟練者のような振る舞いを，低い報酬には初心者のような振る舞いを生み出すことが確認された [45]。模倣学習の立場から見ても，累積報酬によって時系列モデルを条件付けする考えは，作業の成否などを人が事前知識として与える補助モダリティとして捉えることができ，模倣学習で目的志向な学習を容易にする手法とも受け取れる。

オフラインデータの学習で十分な汎化性を得るための重要な要素として，先ほどデータの質と多様性を挙げた。模倣学習では，一定のデータの質を保ちながら効率良く多様なデータを収集するために，VR デバイスを使った遠隔操作が用いられていた [16]。しかしながら，より直感的でかつ複雑な動作を収集していくためには，さらに容易に操作できる遠隔操作の発展が望まれる。

筆者の体験では，VR デバイスを使った遠隔操作は，映像から得る奥行き感や周囲の物体に衝突した際の力覚など，操作中のフィードバックが限られるため，デバイスの移動と実ロボットの手先位置の移動にずれを感じることがしばしばある。また，手先位置の操作に基づいて逆運動学で姿勢を決定するため，オペレータの意図と実際の姿勢が大幅にずれることもある。さらに，VR ゴーグルを使う場合には，ゴーグル上の画面から奥行き方向の情報を掴むことが難しく，熟練した操作を行うためには一定の訓練が必要であると考えられる。ALOHA [17] や GELLO [18] で提案された双腕のリーダ・フォロワシステムは，オペレータがフォロワの姿勢を目視しながらもリーダの操作時に感じる抵抗があるため，システムの構造的に VR デバイスと比べてずれを抑えて操作できる。オペレータの疲労や視点に関する問題にはいまだ課題はあるが，リーダ・フォロワシステムは VR デバイスと比べて熟練するのにかかる時間が少なく，双腕のロボット

であっても遠隔操作しやすい。データの質と多様性を確保する手段として，より発展が期待されるシステムである。

　また，より幅広い質のデータを取り扱うための，学習モデルの工夫も検討が進んでいる。先に挙げた decision Transformer では，累積報酬を条件として不慣れな操作から得られたデータでも学習できる余地が見出された。ほかには，確率モデルを学習モデルに加え，データの質の違いを確率分布として捉える方法も考えられる。diffusion policy [46] は，拡散モデルをロボットの模倣学習に適用し，環境の変化に対する適応的な行動生成を実演した。複数のセンサ情報とロボットの運動情報を分布として捉える形式で，画像以外のセンサに対して拡張性を残しながら，広範な行動パターンを表現しうる学習アーキテクチャとなっている。diffusion policy を発表した Toyota Research Institute による紹介では，diffusion policy は遠隔操作を使ったデータ収集の様子を料理中のさまざまな作業の実演を通じて示している上，触覚を含めたマルチモダリティに対する展望も見せている [47]。質と多様性を保証できるデータ収集と幅広いデータを表現しうる学習モデルが双方向に発展することで，ロボットデータセットのスケール拡張，ひいてはさらなるロボティクス基盤モデルの発展に繋がると期待される。

2.3　スケールアップによる汎用性を目指して

　スケールアップされた基盤モデルは，従来の人工知能では解けなかった多様なタスクを解決することに留まらず，人知を超越した存在にもなりつつある。「AI によるパラダイムシフトである」として，技術者，研究者間でも高い注目を集めている。NVIDIA の報告によれば，1 年ごとにスケールは 10 倍のペースで伸びている [48]。

20) 英国を拠点とする人工知能の開発会社である DeepMind と Google の AI 開発チームを統合して設立された組織。

　直接的にロボット動作の汎化性に挑むのは，Google DeepMind [20] による RT [1, 11, 12, 13] である。RT は，ロボットデータならびに学習モデルとしては，数少ないアクションを陽に考慮したロボティクス基盤モデルである。これらの基盤モデルの規模感はすでに圧倒的であるが，現状では未知のタスクを完全に実行してしまうほどのパフォーマンスには達していない。そのため，より質の高いデータを大量に取得しようとする動きは活発で，2.1 項で述べたように，データ収集ツールに関する研究は特に注目されている。

　ただし，データ収集にかかるコストはデータの規模とともに大きくなり，1 台数百万円のロボットを 10 台以上並列に稼働させることもよくある。机や道具などの環境の整備に数百万円〜数千万を見込む必要がある上，ロボットや環境を管理・操作する人材を雇用するのに相当なランニングコストがかかる（図 9）。小規模な研究室が取り扱える事案でないことは明白で，前述の ALOHA [17] の

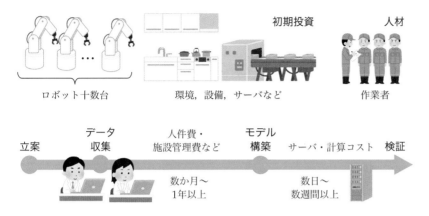

図 9　ロボティクス基盤モデルを構成するための大まかな流れ

ような安価な装置[21] は魅力的に映るが，それでは最先端のスケール感の実現は叶わない。一方，CV や NLP で広く使われている基盤モデルや既存研究を活用し，追加のロボットデータを必要とせずに，ロボット学習に有意義なデータを得るアイディアが発表されている。こうした事例を紹介する。

人の動きのデータによる拡張

　まず，人間の動作を参考にすることである。複雑で長期間のタスクを学習するには，前述のとおり，大量のロボットの動作データが必要になる。その負担を大きく軽減させるため，人間のデモンストレーションデータを直接利用することは，直感的には簡単で理にかなっている。一方，人間とロボットでは腕の構造が異なっている点や，視覚情報の違いの影響を解決する必要がある。そのための研究事例が，いくつかある。人間の動作データを収集して潜在的な動作計画を獲得し，ロボットに転用して学習させるというものである [22, 21]。人間とロボットの動きのそれぞれの特徴を獲得することで，視覚を基準とする運動制御をガイドし，幅広いタスクに転用することが可能になる [21]。これらの研究の発展は，データのスケールを拡張する現実的で興味深い考え方として注目されている。今後使えそうなデータセットとしては，2.1 項で紹介した Ego4D [20] や，その拡張版の Ego-Exo4D [49] などがある。これらは，人間の視点からのあらゆる作業データを収集しており，ロボット学習のための新たな可能性を秘めている。これらのデータセットを活用することで，ロボットはより高度な学習を行い，人間の世界をより深く理解することができるだろう。

21) 文献 [17] では，2 万ドル未満（日本円にして約 300 万円）の装置と 3D プリントされたパーツによって製作可能とされている。一般にデータ収集装置一式が数千万円程度であるのに比べて非常に安価である。

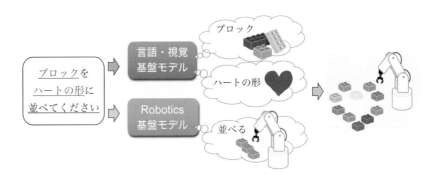

図 10　言語情報を用いるロボティクス基盤モデル

意味的な経験拡張

　柔軟に新しい知識を取得することは重要である。言語情報からは，細やかな動作指示を読み取ることに加えて，対象の情報（固有名詞や一般名称）の理解が必須である。たとえば図 10 のように，「ブロックをハートの形に並べてください」のようなひねりのある言語指示があったとしよう。まず，「ブロック」を知っていて，「ハートの形」という幾何的な情報を理解しつつ，それに合わせて配置を行う動作指示であると解釈しなければならない。掴んで持ち上げるといった作業は，過去に蓄積されたデータや経験があれば，AI に学習させ実行することが可能であるが，適切に解釈するためには相応の知識を有することが重要である。

　そこで，知識のアップデートによってロボットの行動の汎用性を高めたのが，RT-2 [11] である。前述の RT-1 のアップデート版ともいえる RT-2 は，パラメータ数を増やしたことや，既存の LVM モデルを統合したことにも十分にアップデート要素があるが，ここでは特に Visual Question Answering（VQA）による環境への適用，言語解釈の強化に着目したい。VQA は画像に関する自然言語の質問に答えるという CV のタスクの 1 つである。画像の内容を理解し，言語と常識知識を使って正確な答えを出力できるように機械に教え込むことで，特に画像の意味や質問の意図を推論し，答えを出力できるようになるのである。また，RT-2 では，インターネットからの画像と対応するテキストによって訓練された ViT [7] や，Google の LLM である PaLI-X [50]，PaLM-E [51] を用いることで，推論機能を向上させている[22]。

22) 従来の RT-1 モデルなどと比べて RT-2 は飛躍的に高い汎用性を獲得することに成功しており，完全に見たことがないタスクの成功率を RT-1 の 32% から 62% にまで高めている。

視覚的なデータの拡張

　最後に，外観の違いに強くしつつロボットの動作を増やすテクニックを紹介する。従来の機械学習でも，少量のデータセットから「水増し」と呼ばれるい

くつかのテクニック（反転・回転やぼかしなど）によってデータを拡張することは常識的に行われてきた。当然，ロボット基盤モデルにおいても有効なテクニックであり，簡単にいえば，ロボットの動きはそのままに，対象・環境を改変することでデータを水増しすることができる。近年は GAN や拡散モデル（いわゆる生成 AI）が登場したことで，視覚情報の水増しを効果的に行える状況にある。その代表例に ROSIE [52] と呼ばれる技術がある。テキストから画像を生成する最先端の拡散モデルを用い，既存のロボット操作時の画像データ（視覚情報）に対して，テキストのガイダンスに従って操作対象となる未知の物体や背景，遮蔽などの外乱を拡散モデルによって画像上に反映させることで，データ拡張を実現している。テーブル上の物を掴む一度の動作データに，たとえば図 11 のように「天板は青色，コップは黄色」というテキスト情報が与えられると，新しいテーブルや対象の様子が描かれた動画が作成される。

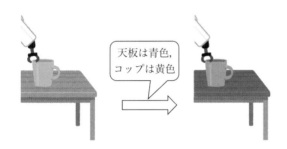

図 11　生成 AI による動作データの水増しの例

3　言語・視覚と動作の知識が融合する未来

　前節では，ロボティクス基盤モデルとして，RT-1 を中心とした E2E の動作生成モデルを紹介してきた。もちろんこの研究分野において，基盤モデルのような大規模な学習済みモデルのみで問題を解決しようとするアプローチだけが正しい方向性というわけではなく，むしろ NLP，CV 分野で高い成果が出ている基盤モデル（LLM，LVM や VandL モデル）を，長年培われたロボティクスの知見やマニピュレーションに特化した別のモジュールと組み合わせて利用し，ロボティクスを発展させるほうが現実的である。

　直近の事例から，E2E の動作生成モデルは Gato [53] や SayCan [54] などが挙げられるが，SayCan は LLM と価値関数（value function）[23] を別々に用意して組み合わせているため，厳密にいえば一気通貫のモデルではない。今のトレンドに注目すると，LLM では動作に関する知識を言語情報として最大限埋め込んだ上で動作の系列を出力したり [55]，画像自体を言語情報の表現として埋め込んだり [56] するテクニックがある。また，Segment Anything と言語指

[23] ある行動を選択することにどれだけ価値があるのか（ここでは，LLM により出力された行動のテキスト命令に対してロボットのどの行動がどれだけ価値をもたらすのか）を推定する関数のこと。

示を組み合わせて，多くの対象物のピッキングを可能にしていくような，LVM を活用した手法 [57] もある．特に事例が多いのは，CLIP [10] モデルを多用した VandL の活用であり，ピックアンドプレースタスクにおけるアフォーダンス表現 [58] や，3D セマンティクス表現を獲得しナビゲーションに用いている手法 [59] など，枚挙にいとまがない．特に，最近の 3D 表現のトレンドである NeRF [60] と言語指示を組み合わせた手法 [61] をロボティクスに応用する動きもあり，このアプローチを用いると，さまざまな視覚に関する表現と言語の特徴を CLIP モデルによって抽出することで，ピッキング位置を検出できる．

　上記のように，言語と視覚の幅広い知識を利用してさまざまな言語指示に対応することや，対象物体の種類を拡張することなどに主に焦点が当てられつつも，ロボット操作に必要な中間表現としての知識を埋め込む例が多い [62]．LLM に限っていえば，上流タスク（high-level planning）や時間的な区間が長い系列の処理が得意であることがわかっており，「部屋の中を動き回って物を探す」といった俯瞰的に状況を把握しながらリアルタイムで処理する探索タスクとの相性が良い．同様の発想から，マニピュレーションにおいても，移動の始点と終点が決まっているようなタスク，あるいは，言語で表現できるような行動を設計すれば，長い時系列を必要とする（long-horizon）ロボット操作のタスクであっても，実世界で動作させることは難しい話ではない [63]．

　ただし，現状では，言語で言い表すことが難しい職人の技術や，直感に頼るテクニックは，曖昧な表現にならざるを得ない上，人やロボット自身の身体情報（動き機構や形状，見た目など）を考慮していない点には十分な注意が必要である．特に，既存の LLM 同様にハルシネーション（幻覚）[24] が引き起こされる懸念は常にあり，実行不可能な行動，不可解な判断が想定外のアクションを生み出し，人間に危害を加えるおそれもある．近年では，Physical Grounding という文脈で物理的なパラメータなどの繊細な情報をモデルに組み込む試み [64, 65]（図 12）もあり，解決に向かう議論が進んでいるものの，それらの知識のみでマニピュレーションの課題を解決することは難しい．ロボティクス基盤モデルが社会にとって有用なツールになるためには，実ロボットの操作に着目したデータ収集やモデル設計を行うことが不可欠である．こうした研究の方向性を追求することで実現できる操作の幅が広がり，ロボティクスのますますの発展が実現するだろう．

[24] 事実とは異なるがもっともらしい嘘を生成すること。

参考文献

[1] Anthony Brohan, et al. RT-1: Robotics Transformer for real-world control at scale. *arXiv preprint arXiv:2212.06817*, 2022.

[2] Stanford University. Reflections on foundation models, 2021. https://hai.stanford.e

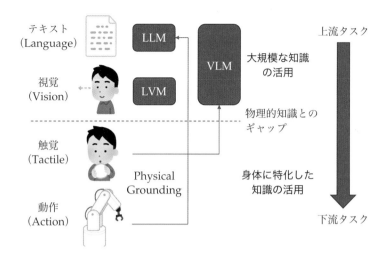

図 12 各モダリティにおけるロボット応用タスクと動作や物理情報との関係性

du/news/reflections-foundation-models.

[3] Ashish Vaswani, Noam Shazeer, Niki Parmar, Jakob Uszkoreit, Llion Jones, Aidan N. Gomez, Łukasz Kaiser, and Illia Polosukhin. Attention is all you need. *Advances in Neural Information Processing Systems*, Vol. 30, 2017.

[4] Jacob Devlin, Ming-Wei Chang, Kenton Lee, and Kristina Toutanova. BERT: Pre-training of deep bidirectional Transformers for language understanding. *arXiv preprint arXiv:1810.04805*, 2019.

[5] Alec Radford, Karthik Narasimhan, Tim Salimans, and Ilya Sutskever. Improving language understanding by generative pre-training, 2018. https://openai.com/research/language-unsupervised.

[6] Wayne Xin Zhao, Kun Zhou, Junyi Li, Tianyi Tang, Xiaolei Wang, Yupeng Hou, Yingqian Min, Beichen Zhang, Junjie Zhang, Zican Dong, Yifan Du, Chen Yang, Yushuo Chen, Zhipeng Chen, Jinhao Jiang, Ruiyang Ren, Yifan Li, Xinyu Tang, Zikang Liu, Peiyu Liu, Jian-Yun Nie, and Ji-Rong Wen. A survey of large language models. *arXiv preprint arXiv:2303.18223*, 2023.

[7] Alexey Dosovitskiy, Lucas Beyer, Alexander Kolesnikov, Dirk Weissenborn, Xiaohua Zhai, Thomas Unterthiner, Mostafa Dehghani, Matthias Minderer, Georg Heigold, Sylvain Gelly, Jakob Uszkoreit, and Neil Houlsby. An image is worth 16x16 words: Transformers for image recognition at scale. In *International Conference on Learning Representations (ICLR)*, 2021.

[8] Mostafa Dehghani, et al. Scaling vision Transformers to 22 billion parameters. In *International Conference on Machine Learning (ICML)*, 2023.

[9] Alexander Kirillov, Eric Mintun, Nikhila Ravi, Hanzi Mao, Chloe Rolland, Laura Gustafson, Tete Xiao, Spencer Whitehead, Alexander C. Berg, Wan-Yen Lo, Piotr Dollár, and Ross Girshick. Segment anything. *arXiv preprint arXiv:2304.02643*, 2023.

[10] Alec Radford, Jong Wook Kim, Chris Hallacy, Aditya Ramesh, Gabriel Goh, Sand-

hini Agarwal, Girish Sastry, Amanda Askell, Pamela Mishkin, Jack Clark, Gretchen Krueger, and Ilya Sutskever. Learning transferable visual models from natural language supervision. In *International Conference on Machine Learning (ICML)*, 2021.

[11] Anthony Brohan, et al. RT-2: Vision-language-action models transfer web knowledge to robotic control. *arXiv preprint arXiv:2307.15818*, 2023.

[12] Open X-Embodiment Collaboration, et al. Open X-Embodiment: Robotic learning datasets and RT-X models. *arXiv preprint arXiv:2310.08864*, 2023.

[13] Michael Ahn, Debidatta Dwibedi, Chelsea Finn, Montse G. Arenas, Keerthana Gopalakrishnan, Karol Hausman, Brian Ichter, Alex Irpan, Nikhil Joshi, Ryan Julian, Sean Kirmani, Isabel Leal, Edward Lee, Sergey Levine, Yao Lu, Isabel Leal, Sharath Maddineni, Kanishka Rao, Dorsa Sadigh, Pannag Sanketi, Pierre Sermanet, Quan Vuong, Stefan Welker, Fei Xia, Ted Xiao, Peng Xu, Steve Xu, and Zhuo Xu. AutoRT: Embodied foundation models for large scale orchestration of robotic agents. *arXiv preprint arXiv:2401.12963*, 2024.

[14] Sudeep Dasari, Frederik Ebert, Stephen Tian, Suraj Nair, Bernadette Bucher, Karl Schmeckpeper, Siddharth Singh, Sergey Levine, and Chelsea Finn. RoboNet: Large-scale multi-robot learning. *arXiv preprint arXiv:1910.11215*, 2019.

[15] Homer Walke, Kevin Black, Abraham Lee, Moo Jin Kim, Max Du, Chongyi Zheng, Tony Zhao, Philippe Hansen-Estruch, Quan Vuong, Andre He, Vivek Myers, Kuan Fang, Chelsea Finn, and Sergey Levine. BridgeData V2: A dataset for robot learning at scale. In *Conference on Robot Learning (CoRL)*, 2023.

[16] Zhang Tianhao, McCarthy Zoe, Jow Owen, Lee Dennis, Chen Xi, Goldberg Ken, and Abbeel Pieter. Deep imitation learning for complex manipulation tasks from virtual reality teleoperation. In *IEEE International Conference on Robotics and Automation (ICRA)*, 2018.

[17] Tony Z. Zhao, Vikash Kumar, Sergey Levine, and Chelsea Finn. Learning fine-grained bimanual manipulation with low-cost hardware. In *Robotics: Science and Systems (RSS)*, 2023.

[18] Philipp Wu, Yide Shentu, Zhongke Yi, Xingyu Lin, and Pieter Abbeel. GELLO: A general, low-cost, and intuitive teleoperation framework for robot manipulators. *arXiv preprint arXiv:2309.13037*, 2023.

[19] Zipeng Fu, Tony Z. Zhao, and Chelsea Finn. Mobile ALOHA: Learning bimanual mobile manipulation with low-cost whole-body teleoperation. *arXiv preprint arXiv:2401.02117*, 2024.

[20] Kristen Grauman, et al. Ego4D: Around the world in 3,000 hours of egocentric video. In *IEEE/CVF Conference on Computer Vision and Pattern Recognition (CVPR)*, 2022.

[21] Chen Wang, Linxi Fan, Jiankai Sun, Ruohan Zhang, Li Fei-Fei, Danfei Xu, Yuke Zhu, and Anima Anandkumar. MimicPlay: Long-horizon imitation learning by watching human play. In *7th Annual Conference on Robot Learning*, 2023.

[22] Mengda Xu, Zhenjia Xu, Cheng Chi, Manuela Veloso, and Shuran Song. XSkill: Cross embodiment skill discovery. In *Conference on Robot Learning (CoRL)*, 2023.

[23] Shuran Song, Andy Zeng, Johnny Lee, and Thomas Funkhouser. Grasping in the

wild: Learning 6DoF closed-loop grasping from low-cost demonstrations. *IEEE Robotics and Automation Letters*, Vol. 5, No. 3, pp. 4978–4985, 2020.

[24] Gordon Cheng, Emmanuel Dean-Leon, Florian Bergner, Julio R. G. Olvera, Quentin Leboutet, and Philipp Mittendorfer. A comprehensive realization of robot skin: Sensors, sensing, control, and applications. In *Proceedings of the IEEE*, Vol. 107, No. 10, pp. 2034–2051, 2019.

[25] Wenzhen Yuan, Siyuan Dong, and Edward H. Adelson. GelSight: High-resolution robot tactile sensors for estimating geometry and force. *Sensors*, Vol. 17, No. 12, 2017.

[26] Namiko Saito, Tetsuya Ogata, Satoshi Funabashi, Hiroki Mori, and Shigeki Sugano. How to select and use tools? Active perception of target objects using multimodal deep learning. *IEEE Robotics and Automation Letters*, Vol. 6, No. 2, pp. 2517–2524, 2021.

[27] Sergey Levine, Peter Pastor, Alex Krizhevsky, Julian Ibarz, and Deirdre Quillen. Learning hand-eye coordination for robotic grasping with deep learning and large-scale data collection. *The International Journal of Robotics Research (IJRR)*, Vol. 37, No. 4-5, pp. 421–436, 2018.

[28] Josh Tobin, Rachel Fong, Alex Ray, Jonas Schneider, Wojciech Zaremba, and Pieter Abbeel. Domain randomization for transferring deep neural networks from simulation to the real world. In *IEEE/RSJ International Conference on Intelligent Robots and Systems (IROS)*, 2017.

[29] Kanishka Rao, Chris Harris, Alex Irpan, Sergey Levine, Julian Ibarz, and Mohi Khansari. RL-CycleGAN: Reinforcement learning aware simulation-to-real. In *IEEE/CVF Conference on Computer Vision and Pattern Recognition (CVPR)*, 2020.

[30] Russ Tedrake and the Drake Development Team. Drake: Model-based design and verification for robotics, 2019. https://drake.mit.edu.

[31] NVIDIA Developer. NVIDIA Isaac Sim, 2024. https://developer.nvidia.com/isaac-sim.

[32] Daniel Ho, Kanishka Rao, Zhuo Xu, Eric Jang, Mohi Khansari, and Yunfei Bai. RetinaGAN: An object-aware approach to sim-to-real transfer. In *2021 IEEE International Conference on Robotics and Automation (ICRA)*, pp. 10920–10926, 2021.

[33] Marcin Andrychowicz, Bowen Baker, Maciek Chociej, Rafal Józefowicz, Bob McGrew, Jakub Pachocki, Arthur Petron, Matthias Plappert, Glenn Powell, Alex Ray, Jonas Schneider, Szymon Sidor, Josh Tobin, Peter Welinder, Lilian Weng, and Wojciech Zaremba. Learning dexterous in-hand manipulation. *The International Journal of Robotics Research (IJRR)*, Vol. 39, No. 1, pp. 3–20, 2020.

[34] Tianhe Yu, Ted Xiao, Austin Stone, Jonathan Tompson, Anthony Brohan, Su Wang, Jaspiar Singh, Clayton Tan, Dee M., Jodilyn Peralta, Brian Ichter, Karol Hausman, and Fei Xia. Scaling robot learning with semantically imagined experience. *arXiv preprint arXiv:2302.11550*, 2023.

[35] Bingjie Tang, Michael A. Lin, Iretiayo A. Akinola, Ankur Handa, Gaurav S. Sukhatme, Fabio Ramos, Dieter Fox, and Yashraj S. Narang. IndustReal: Transferring contact-rich assembly tasks from simulation to reality. In *Robotics: Science and Systems (RSS)*, 2023.

[36] Huy Ha, Pete Florence, and Shuran Song. Scaling up and distilling down: Language-guided robot skill acquisition. In *Conference on Robot Learning (CoRL)*, 2023.

[37] Murtaza Dalal, Ajay Mandlekar, Caelan Garrett, Ankur Handa, Ruslan Salakhutdinov, and Dieter Fox. Imitating task and motion planning with visuomotor Transformers. In *Conference on Robot Learning (CoRL)*, 2023.

[38] Dmitry Kalashnikov, Alex Irpan, Peter Pastor, Julian Ibarz, Alexander Herzog, Eric Jang, Deirdre Quillen, Ethan Holly, Mrinal Kalakrishnan, Vincent Vanhoucke, and Sergey Levine. Scalable deep reinforcement learning for vision-based robotic manipulation. In *Conference on Robot Learning (CoRL)*, 2018.

[39] Dmitry Kalashnikov, Jacob Varley, Yevgen Chebotar, Benjamin Swanson, Rico Jonschkowski, Chelsea Finn, Sergey Levine, and Karol Hausman. MT-Opt: Continuous multi-task robotic reinforcement learning at scale. *arXiv preprint arXiv:2104.08212*, 2021.

[40] Yan Duan, Marcin Andrychowicz, Bradly C. Stadie, Jonathan Ho, Jonas Schneider, Ilya Sutskever, Pieter Abbeel, and Wojciech Zaremba. One-shot imitation learning. *Advances in Neural Information Processing Systems*, Vol. 30, 2017.

[41] Tianhe Yu, Chelsea Finn, Sudeep Dasari, Annie Xie, Tianhao Zhang, Pieter Abbeel, and Sergey Levine. One-shot imitation from observing humans via domain-adaptive meta-learning. In *Robotics: Science and Systems (RSS)*, 2018.

[42] Eric Jang, Alex Irpan, Mohi Khansari, Daniel Kappler, Frederik Ebert, Corey Lynch, Sergey Levine, and Chelsea Finn. BC-Z: Zero-shot task generalization with robotic imitation learning. In *Conference on Robot Learning (CoRL)*, 2021.

[43] Corey Lynch, Ayzaan Wahid, Jonathan Tompson, Tianli Ding, James Betker, Robert Baruch, Travis Armstrong, and Pete Florence. Interactive language: Talking to robots in real time. *IEEE Robotics and Automation Letters*, 2023.

[44] Lili Chen, Kevin Lu, Aravind Rajeswaran, Kimin Lee, Aditya Grover, Misha Laskin, Pieter Abbeel, Aravind Srinivas, and Igor Mordatch. Decision Transformer: Reinforcement learning via sequence modeling. *Advances in Neural Information Processing Systems*, Vol. 34, 2021.

[45] Kuang-Huei Lee, Ofir Nachum, Mengjiao S. Yang, Lisa Lee, Daniel Freeman, Sergio Guadarrama, Ian Fischer, Winnie Xu, Eric Jang, Henryk Michalewski, et al. Multi-game decision Transformers. *Advances in Neural Information Processing Systems*, Vol. 35, 2022.

[46] Cheng Chi, Siyuan Feng, Yilun Du, Zhenjia Xu, Eric Cousineau, Benjamin Burchfiel, and Shuran Song. Diffusion policy: Visuomotor policy learning via action diffusion. In *Robotics: Science and Systems (RSS)*, 2023.

[47] Toyota. Toyota Research Institute unveils breakthrough in teaching robots new behaviors, 2023. https://pressroom.toyota.com/toyota-research-institute-unveils-breakthrough-in-teaching-robots-new-behaviors/.

[48] NVIDIA Developer. Using DeepSpeed and Megatron to train Megatron-Turing NLG 530B, the world's largest and most powerful generative language model, 2021. https://developer.nvidia.com/blog/using-deepspeed-and-megatron-to-train-

megatron-turing-nlg-530b-the-worlds-largest-and-most-powerful-generative-language-model/.

[49] Kristen Grauman, et al. Ego-Exo4D: Understanding skilled human activity from first- and third-person perspectives. *arXiv preprint arXiv:2311.18259*, 2023.

[50] Xi Chen, et al. PaLI-X: On scaling up a multilingual vision and language model. *arXiv preprint arXiv:2305.18565*, 2023.

[51] Danny Driess, et al. PaLM-E: An embodied multimodal language model. In *International Conference on Machine Learning*, 2023.

[52] Tianhe Yu, Ted Xiao, Jonathan Tompson, Austin Stone, Su Wang, Anthony Brohan, Jaspiar Singh, Clayton Tan, Dee M., Jodilyn Peralta, Karol Hausman, Brian Ichter, and Fei Xia. Scaling robot learning with semantically imagined experience. In *Robotics: Science and Systems (RSS)*, 2023.

[53] Scott Reed, Konrad Zolna, Emilio Parisotto, Sergio G. Colmenarejo, Alexander Novikov, Gabriel Barth-Maron, Mai Gimenez, Yury Sulsky, Jackie Kay, Jost T. Springenberg, Tom Eccles, Jake Bruce, Ali Razavi, Ashley Edwards, Nicolas Heess, Yutian Chen, Raia Hadsell, Oriol Vinyals, Mahyar Bordbar, and Nando de Freitas. A generalist agent. *arXiv preprint arXiv:2205.06175*, 2022.

[54] Brian Ichter, et al. Do as I can, not as I say: Grounding language in robotic affordances. In *Conference on Robot Learning (CoRL)*, 2022.

[55] Allen Z. Ren, Bharat Govil, Tsung-Yen Yang, Karthik R. Narasimhan, and Anirudha Majumdar. Leveraging language for accelerated learning of tool manipulation. In *Conference on Robot Learning (CoRL)*, 2022.

[56] Yunfan Jiang, Agrim Gupta, Zichen Zhang, Guanzhi Wang, Yongqiang Dou, Yanjun Chen, Li Fei-Fei, Anima Anandkumar, Yuke Zhu, and Linxi Fan. VIMA: General robot manipulation with multimodal prompts. In *International Conference on Machine Learning (ICML)*, 2023.

[57] Jiange Yang, Wenhui Tan, Chuhao Jin, Keling Yao, Bei Liu, Jianlong Fu, Ruihua Song, Gangshan Wu, and Limin Wang. Transferring foundation models for generalizable robotic manipulation. *arXiv preprint arXiv:2306.05716*, 2023.

[58] Mohit Shridhar, Lucas Manuelli, and Dieter Fox. CLIPort: What and where pathways for robotic manipulation. In *Conference on Robot Learning (CoRL)*, 2021.

[59] Nur Muhammad M. Shafiullah, Chris Paxton, Lerrel Pinto, Soumith Chintala, and Arthur Szlam. CLIP-Fields: Weakly supervised semantic fields for robotic memory. In *Robotics: Science and Systems (RSS)*, 2023.

[60] Ben Mildenhall, Pratul P. Srinivasan, Matthew Tancik, Jonathan T. Barron, Ravi Ramamoorthi, and Ren Ng. NeRF: Representing scenes as neural radiance fields for view synthesis. In *European Conference on Computer Vision (ECCV)*, 2020.

[61] Justin Kerr, Chung Min Kim, Ken Goldberg, Angjoo Kanazawa, and Matthew Tancik. LERF: Language embedded radiance fields. In *International Conference on Computer Vision (ICCV)*, 2023.

[62] William Shen, Ge Yang, Alan Yu, Jansen Wong, Leslie Pack Kaelbling, and Phillip Isola. Distilled feature fields enable few-shot language-guided manipulation. In

Conference on Robot Learning (CoRL), 2023.

[63] Jacky Liang, Wenlong Huang, Fei Xia, Peng Xu, Karol Hausman, Brian Ichter, Pete Florence, and Andy Zeng. Code as policies: Language model programs for embodied control. In *IEEE International Conference on Robotics and Automation (ICRA)*, 2023.

[64] Jensen Gao, Bidipta Sarkar, Fei Xia, Ted Xiao, Jiajun Wu, Brian Ichter, Anirudha Majumdar, and Dorsa Sadigh. Physically grounded vision-language models for robotic manipulation. *arXiv preprint arXiv:2309.02561*, 2023.

[65] Yi Ru Wang, Jiafei Duan, Dieter Fox, and Siddhartha Srinivasa. NEWTON: Are large language models capable of physical reasoning? *arXiv preprint arXiv:2310.07018*, 2023.

もとだ ともひろ（産業技術総合研究所）
なかじょう りょういち（産業技術総合研究所）
まきはら こうし（大阪大学/産業技術総合研究所）

イマドキノ 生成AIの法律問題
生成AI開発・利用における法的留意点を10分で把握する！

■水野祐

1 はじめに

　本稿では，生成 AI（基盤モデルを基礎として提供される生成 AI 製品・サービスで利用されている学習済みモデル）を開発する段階および利用する段階において法的に留意すべき事項について解説します。具体的には，① 著作権の帰属・侵害（後記 2.1〜2.3 項），② 肖像権・パブリシティ権の侵害（3.2 項），③ 個人情報を含むパーソナルデータの不適切利用（3.3 項），④ 秘密情報の漏えい（3.4 項）の 4 点に分けて解説します。生成 AI の開発・利用には，ほかにも産業財産権（著作権以外の知的財産権）の帰属・侵害，誤情報（フェイクニュース）の利用・拡散，偏見・差別の助長といったさまざまな法的・倫理的な問題が指摘されていますが（図 1 参照），本稿では重要性に鑑み，上記 4 点に絞って解説していきます。

　これらの法的留意点の検討においては，「開発・学習段階」と「生成・利用段階」に分けて検討することが有用ですので，本稿でも上記 ①〜④ について，それぞれ開発・学習段階と生成・利用段階に分けて検討しています。もっとも，開発・学習段階と生成・利用段階の区別は法的留意点の整理としては有用であるものの，AI サービスの提供者や利用者が AI の開発・学習を行うことも多く，

① 著作権の帰属・侵害
② 肖像権・パブリシティ権の侵害
③ 個人情報を含むパーソナルデータの不適切利用
④ 秘密情報の漏えい
□ その他の留意点
  - 産業財産権（著作権以外の知的財産権）の帰属・侵害
  - 誤情報（フェイクニュース）の利用・拡散
  - 偏見・差別の助長など

図 1　生成 AI 開発・利用における主な法的留意点

実務的には相互に関連します。後述するように，生成 AI の利用・提供行為が，開発・学習段階に遡って問題になる可能性もあるため，開発・学習段階と生成・利用段階の区別はあくまで整理のための便宜上のものであることを付言いたします。

2 著作権の帰属・侵害

2.1 序論

　現在，生成 AI が提起する法律問題のうち，最も議論を呼んでいるのが，生成 AI の開発・学習段階，生成・利用段階それぞれにおける著作権の問題といっても過言ではないでしょう。

　この問題については，文化庁が 2023 年 7 月から文化審議会著作権分科会法制度小委員会において議論し，その結果を 2024 年 1 月 23 日に「AI と著作権に関する考え方について（素案）」（以下「文化庁素案」といいます）と題する資料の形でまとめ，公開しています[1]。文化庁素案においても，AI と著作権の問題を AI の「学習・開発段階」と「生成・利用段階」とに区別して整理しています（図 2 参照）。具体的には，学習・開発段階については，(1) 非享受目的に該当する場合，(2) 著作権者の利益を不当に害することとなる場合，(3) 開発・学習段階において著作権侵害が成立した場合の請求内容に関して，また，生成・利用

[1] 文化庁「AI と著作権に関する考え方について（素案）」（令和 6 年 1 月 23 日時点版）

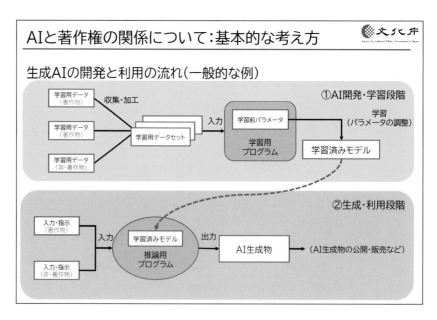

図 2　文化庁著作権課「令和 5 年度著作権セミナー AI と著作権」（令和 5 年 6 月）P27

段階については，(4) 著作権侵害の有無，(5) 侵害行為の責任主体，(6) 生成・利用段階において著作権侵害が成立した場合の請求内容，(7) AI 生成物の著作物性について主に検討しています。本稿でもこの素案をなぞる形で，(1)〜(3) を 2.2.1〜2.2.3 項で，(4)〜(7) を 2.3.1〜2.3.4 項で説明していきます。なお，文化庁素案は，2024 年 1 月 23 日から 2 月 12 日までパブリックコメントに出されており[2]，また，「本資料は，公開時点において議論・検討中である AI と著作権に関する論点整理の項目立て及び記載内容案の概要を示すものであり，今後の議論を踏まえて変更される可能性がある」と注記されていることからも，素案に記載された内容または提示された方向性は流動的なものです。また，法律の最終的な解釈を決定する権限は行政（文化庁）ではなく裁判所にありますから，素案の記載内容を杓子定規に受け止めすぎない視点も大切です。もっとも，論点としては網羅的ですし，大枠としては素案で示された方向性で議論が進むことが予想されますので，本稿でも素案で示された方向性に従って説明いたします。

2.2 開発・学習段階

2.2.1 非享受目的に該当する場合

2018 年の著作権法改正により導入された著作権法第 30 条の 4 本文により，著作物は「自ら享受し又は他人に享受させることを目的としない場合」には，必要な限度で，著作権者の同意なく利用することができます（この目的を非享受目的といいます）。法第 30 条の 4 は，非享受目的の場合の例として，「情報解析（多数の著作物その他の大量の情報から，当該情報を構成する言語，音，影像その他の要素に係る情報を抽出し，比較，分類その他の解析を行うことをいう。）… の用に供する場合」（第 2 号）を挙げており，AI を開発するために必要な学習行為はこの情報解析の用に供する場合に該当するとし，原則として，権利者の許諾なく著作物の利用が可能となっています。つまり，AI の開発に必要な学習データまたは学習用データセットを作成する場合，画像や映像，音声等をインターネットから収集（クローリング，スクレイピング等）する過程を経ることがほとんどですが，この学習過程において，本来であれば複製権，翻案権，公衆送信権等の著作権の侵害が成立するところ，著作権法では法第 30 条の 4 の権利制限規定により例外的に権利者の許諾が不要となる場合を規定しているのです。

このように，日本の著作権法は AI 開発者にとっては先進的な明文規定を有しているのですが，一方で，生成 AI の社会的インパクトが驚きをもって社会に広がった昨年 2023 年頃から，AI 学習のためであればすべて非享受目的といえるのか，享受する目的が併存している場合でも非享受目的といえるのか，とい

[2] 「「AI と著作権に関する考え方について（素案）」に関する意見募集の実施について」，https://public-comment.e-gov.go.jp/servlet/Public?CLASSNAME=PCMMSTDETAIL&id=185001345&Mode=0（最終アクセス：2024 年 2 月 20 日）

う問題提起がなされるようになってきました。「享受」といえるかは，著作物等の視聴等を通じて，視聴者等の知的・精神的欲求を満たすという効用を得ることに向けられた行為であるか否かという観点から判断されるとされています3)。たとえば，意図的に特定のクリエイターの作品の特徴をそのまま出力させることを目的として AI 学習させるような場合にでも「情報解析の用に供する場合」とはいえますが，一方で，もとの作品の特徴を享受する目的があるともいえるため，この場合に法第 30 条の 4 による利用を認めてよいのか，という問題提起がなされました。

この論点について，文化庁素案では，利用行為に複数の目的がある場合，この複数の目的のうちに 1 つでも「享受」の目的が含まれていれば，同条の要件を欠くこととなる，との見解が示されました。いわゆる LoRA（"Low-Rank Adaptation" の略で，既存の基盤モデルや学習済みモデルを追加学習させることにより生成結果を調整する仕組み）などの手法により，先述した特定のクリエイターの作品の特徴を出力するための学習を意図的に行う場合は，享受目的が併存するため，法第 30 条の 4 による利用行為は行えないとの結論になる可能性があります。

一方で，文化庁素案では，後述する生成・利用段階で，学習した著作物に類似した生成物が生成される事例があったとしても，この事実だけで直ちに享受目的を推認することはできないとしています。ただ，そのような生成が著しく頻発する事情は，学習段階の享受目的を推認する要素になりうるとの見解が示されています。また，検索拡張生成（RAG）など，生成 AI が著作物を含む対象データを検索し，その結果の要約等を行って回答を生成する手法についても，非享受目的とはいえず法第 30 条の 4 に基づく利用はできない場合がある一方で，一定の条件下で法第 47 条の 5 第 1 項第 1 号または第 2 号に基づき「軽微利用」といえる場合に限って許容される可能性があるとの見解が示されています。

2.2.2 著作権者の利益を不当に害することとなる場合

法第 30 条の 4 により，非享受目的であれば著作物は原則として自由に利用できますが，例外として「著作権者の利益を不当に害することとなる場合」は，この条文の適用はなく，著作物を利用することはできません（同条ただし書）。この例外的に法 30 条の 4 が適用されないただし書の要件については，従来，文化庁は限定的に捉えてきました。具体的には，ただし書に該当するかは，著作権者の著作物の利用市場と衝突するか，あるいは将来における著作物の潜在的市場を阻害するかという観点から判断されるとしたうえで，具体例として大量の情報を容易に情報解析に活用できる形で整理したデータベースの著作物が販売されている場合が挙げられていました4)。

3) 文化庁「デジタル化・ネットワーク化の進展に対応した柔軟な権利制限規定に関する基本的な考え方について」問 6（P6）等

4) 前掲注 3・問 9（P9）

しかし，昨年から生成 AI の社会的インパクトが大きく見込まれる状況になるにつれ，法第 30 条の 4 により AI 開発の学習行為が広範囲に認められすぎているのではないか，ただし書が適用される範囲をもう少し広く解釈すべきではないか，といった意見が主に権利者側から寄せられ，同条ただし書の解釈に注目が集まっていました。この論点について，文化庁素案では，いくつかの事例とともに見解が示されています。

　第一に，著作権法が保護する利益ではないアイデア等が類似するに留まるものが大量に生成される場合について，特定のクリエイターまたは著作物に対する需要が AI 生成物によって代替されてしまうような事態が生じることは想定しうるものの，当該生成物が学習元となった著作物の創作的表現と共通しない場合には，同条ただし書の「著作権者の利益を不当に害することとなる場合」には該当しないとされています。これは，著作権は具体的な表現を保護する権利であり，アイデアを保護するものではないという著作権法の大原則を確認するものです。もっとも，特定のクリエイターの作品である少量の著作物のみを学習データとして追加的な学習を行う場合について，当該作品群が当該クリエイターの作風を共通して有しているだけでなく創作的表現が共通する作品群となっている場合に，追加的な学習のために当該作品群の複製等を行うと，享受目的が併存すると判断される可能性があります。また，後述する生成・利用段階において，生成物に当該作品群の創作的表現が直接感得できる場合には著作権侵害に当たりうることに配慮すべきとされています。これらもいわゆる LoRA などの追加学習を意識した記載だと考えられますが，ここでは作風も基本的にはアイデアであることを前提としたうえで，作品群が共通してクリエイターの作風を有しているならば創作的表現が共通する作品群となっている場合もあるとの記載がなされています。しかし，著作権侵害の有無はあくまで個々の著作物ごとに判断されるべきものであるため，この部分の記載は作品「群」ごとに著作権侵害の有無が判断される可能性を示唆しているのではなく，あくまで経験的に創作的表現が共通することもありうるという程度の意味合いとして解釈すべきでしょう。

　第二に，従来から文化庁が法第 30 条の 4 ただし書に該当する具体例として挙げていた「大量の情報を容易に情報解析に活用できる形で整理したデータベースの著作物が販売されている場合に，当該データベースを情報解析目的で複製等する行為」について，たとえば，インターネット上のウェブサイトで，ユーザーの閲覧に供するため記事等が提供されているのに加え，データベースの著作物から容易に情報解析に活用できる形で整理されたデータを取得できる API が有償で提供されている場合において，当該 API を有償で利用することなく，当該ウェブサイトに閲覧用に掲載された記事等のデータから，当該データベー

スの著作物の創作的表現が認められる一定の情報のまとまりを情報解析目的で複製する行為は同条ただし書に該当しうるとの確認がなされました。そのうえで，学習のための複製等を防止する技術的な措置が施されている場合等の考え方が示されました。具体的には，著作権者が反対の意思を示していることそれ自体をもって権利制限規定の対象から除外されると解釈することは困難であるが，一方で，① AI 学習のための著作物の複製等を防止する技術的な措置（ウェブサイト内のファイル "robots.txt" への記述によって AI 学習のための複製を行うクローラによるウェブサイト内へのアクセスを制限する措置や，ID・パスワード等を用いた認証によって AI 学習のための複製を行うクローラによるウェブサイト内へのアクセスを制限する措置など，AI 学習のための著作物の複製等を防止する技術的な措置としてすでに広く行われているもの）が講じられており，かつ，② このような措置が講じられていること等の事実から，当該ウェブサイト内のデータを含み，情報解析に活用できる形で整理したデータベースの著作物が将来販売される予定があることが推認される場合には，この措置を回避して，クローラで当該ウェブサイト内に掲載されている多数のデータを収集することにより，AI 学習のために当該データベースの著作物の複製等をする行為は，当該データベースの著作物の将来における潜在的販路を阻害する行為として，同条ただし書に該当するとの見解が示されました。この見解は，法第30条の4の適用を大きく狭める可能性があるため，文化庁素案で示された見解の中で最も議論を呼ぶ論点の1つだと考えられます。その証左として，文化庁素案の該当部分の脚注では，文化庁素案で示された具体例の場合でもただし書の適用がない（学習が許容される）意見が複数紹介されており，今後の議論が注目されます。

　第三に，海賊版等の権利侵害複製物を AI 学習のために複製することについては，AI 開発事業者や AI サービス提供事業者においては，学習データの収集に際して，当該行為が新たな海賊版の増加といった権利侵害を助長するものとならないよう十分配慮した上でこれを行うことが求められるとされています。特に，ウェブサイトが海賊版等の権利侵害複製物を掲載していることを知りながら，当該ウェブサイトから学習データの収集を行うといった行為は，厳にこれを慎むべきとされています。

2.2.3 開発・学習段階において著作権侵害が成立した場合の請求内容

　AI 学習において著作権侵害が認められた場合，民法・著作権法上，損害賠償請求（民法第 709 条）に加えて，差止請求や将来侵害行為の予防措置の請求（著作権法第 112 条第 1 項，第 2 項）が可能です。また，予防措置の請求の一環として「侵害の行為を組成した物，侵害の行為によって作成された物又は専ら侵

害の行為に供された機械若しくは器具」の廃棄請求も可能です。ただ，具体的な措置として，何がどこまで認められるのか，たとえば，学習済みモデルの廃棄が認められるのか等については議論がありました。

文化庁素案では，学習用データセットからの除去については，著作権侵害の対象となった当該著作物が，単にデータセットに含まれているだけでは足りず，将来において AI 学習に用いられることで侵害行為が新たに生じる蓋然性が高い場合にのみ認められうるとの見解が示されました。

また，学習済みモデルの廃棄請求については，AI 学習により作成された学習済みモデルについての廃棄請求は原則として認められないとしました。ただし，当該学習済みモデルが学習データである著作物と類似性のある生成物を高確率で生成する状態にある等の場合には，当該学習済みモデルが学習データである著作物の複製物であると評価される場合も考えられ，このような場合は，当該学習済みモデルの廃棄請求が認められる場合もありうるとしています。

2.3 生成・利用段階

2.3.1 著作権侵害の有無

AI 生成物を生成した際の著作権侵害の基準については，AI を利用しない場合の著作権侵害の判断と同様に，類似性（既存の著作物の表現の本質的な特徴が直接感得できること）と依拠性（既存の著作物に接してそれを自己の表現の中に用いること）により判断されることには，ほぼ争いがありません。そして，類似性については，AI の利用の有無にかかわらず，AI 生成物と既存の著作物の類似を判断すれば足り，AI の利用がない場合と基本的な判断方法は異なりません。

問題は依拠性です。AI を利用していない場合でも既存の著作物に無意識のうちに依拠してしまっている場合はありますが，AI を利用すると，利用者が意図せずに既存著作物に近い著作物を生成してしまうことが増えるため，AI の利用がない場合と比較して依拠性の有無が判断しづらくなります。文化庁素案では，AI 利用者が既存の著作物を認識していた場合と，認識していなかった場合に分けて，見解を整理しています。

まず，「Image to Image」（画像を生成 AI に指示として入力し生成物として画像を得る行為）のように，既存の著作物そのものを入力する場合や，既存の著作物の題号などの特定の固有名詞を入力する場合のように，AI 利用者が既存の著作物を認識しており，生成 AI を利用して当該著作物の創作的表現を有するものを生成させた場合（類似性が認められる場合）は，問題なく依拠性が認められ，AI 利用者による著作権侵害が成立するとされています。また，権利者としては，被疑侵害者において既存著作物へのアクセス可能性があったことや，

生成物に既存著作物との高度な類似性があること等を立証すれば，依拠性があるとの推認を得ることができる等，従来の著作権侵害の実務と同様の扱いになることが確認されました。

　一方で，AI利用者が既存の著作物を認識していなかった場合については，学習データに当該著作物が含まれていなかった場合と，学習データに当該著作物が含まれていた場合の2つに分けて考えられます。

　前者の学習データに当該著作物が含まれない場合については，当該生成AIを利用し，当該著作物に類似した生成物が生成されたとしても，これは偶然の一致にすぎないものとして，依拠性は認められず，著作権侵害は成立しないと考えられています。

　一方で，後者の学習データに当該著作物が含まれる場合には，利用者自身の行為ではありませんが，AIの学習行為を通して客観的に当該著作物へのアクセスがあったと認められることから，当該生成AIを利用し，当該著作物に類似した生成物が生成された場合は，原則として依拠性があったと推認され，著作権侵害が成立するとの見解が示されました。AI利用者は自分が知らない著作物に似た生成物を生成・利用した場合でも，依拠性がないと反証できなければ，著作権侵害が成立することになります（ただし，この場合，著作権侵害が成立しても，通常は故意・過失がないとして損害賠償義務を負わないと考えられます）。一方で，当該生成AIについて，開発・学習段階において学習に用いられた著作物の創作的表現が生成・利用段階において生成されることはないといえるような技術的な措置が講じられていること等の事情から，当該生成AIにおいて学習に用いられた著作物の創作的表現が生成・利用段階において利用されていないと法的に評価できる場合には，AI利用者において当該評価を基礎付ける事情を主張・立証することにより，依拠性がないと判断される場合はありうるとされました。この見解に従うと，AI利用者としては，学習に用いられた著作物の創作的表現が生成・利用段階において生成されることはないといえるような技術的な措置が講じられている生成AIを使用することが重要になります。ただし，具体的にどのような技術的措置を講じていれば，学習に用いられた著作物の創作的表現が生成・利用段階において生成されることはないと評価されるのかは現時点では不明確といわざるを得ません。

2.3.2　侵害行為の責任主体

　AI生成物の生成・利用について著作権侵害が成立する場合，AI利用者のみならず，AI開発者やAIサービス提供者が責任を負うことはあるのか，という論点です。著作権法上は，裁判例の蓄積により，物理的な行為主体（AIの生成・利用段階においてはAI利用者）以外の者も，"規範的な行為主体"として責任

を負う場合があるとされています（いわゆる規範的行為主体論）。

　この点については，生成 AI により侵害物が高頻度で生成される場合や，生成 AI が既存の著作物の類似物を生成する可能性を認識しているにもかかわらず，当該類似物の生成を抑止する技術的な手段を施していない場合には，事業者が侵害主体と評価される可能性が高まるとされています。逆に，生成 AI が既存の著作物の類似物を生成することを防止する技術的な手段を施している場合や，生成 AI が事業者により上記手段を施されたものであるなどの理由から侵害物が高頻度で生成されるようなものでない場合には，事業者が侵害主体と評価される可能性が低くなるとされました。このような見解を前提とすると，AI 開発者や AI サービス提供者としては類似物の生成を抑止する技術的な手段を導入する必要性が出てきます。もっとも，現状では類似物の生成を抑止する有効な技術的な手段があるわけではなく，また，その具体的な技術や水準は示されていません。AI 開発者や AI サービス提供者としては，利用者に対して利用規約等で既存の著作物と類似する生成物の生成を禁止する等の対応をするとともに，類似物の生成を抑止する技術的な措置またはその努力を講じている客観的な証拠を残しておくことが肝要になると考えられます。

　なお，2.2.2 項で先述した，海賊版等の権利侵害複製物を AI 学習のために複製することについて，文化庁素案では，ウェブサイトが海賊版等の権利侵害複製物を掲載していることを知りながら，当該ウェブサイトから学習データの収集を行ったという事実は，当該事業者が規範的な行為主体として侵害の責任を問われる可能性を高めるものと指摘されています。また，海賊版等の権利侵害複製物を掲載するウェブサイトから学習データの収集を行う場合等に，事業者が，少量の学習データに含まれる著作物の創作的表現の影響を強く受けた生成物が出力されるような追加的な学習を行う目的を有していたと評価され，当該生成 AI による著作権侵害の結果発生の蓋然性を認識しており，かつ，当該結果を回避する措置を講じることが可能であるにもかかわらずこれを講じなかったといえる場合は，当該事業者は著作権侵害の結果発生を回避すべき注意義務を怠ったものとして，当該生成 AI により生じる著作権侵害について規範的な行為主体として侵害の責任を問われる可能性が高まるとされています。

2.3.3 生成・利用段階において著作権侵害が成立した場合の請求内容

　生成・利用段階において著作権侵害が認められた場合，損害賠償請求に加えて，差止請求や将来侵害行為の予防措置の請求，予防措置の請求の一環として「侵害の行為を組成した物，侵害の行為によって作成された物又は専ら侵害の行為に供された機械若しくは器具」の廃棄請求，そして「侵害の停止又は予防に必要な措置」が可能であることは，先述した開発・学習段階で著作権侵害が

認められた場合と同様です。しかし，具体的な措置として，著作権者が誰に対して何を求めることができるかについてはこれまであまり議論がなされてきませんでした。文化庁素案では，① 生成 AI を利用し著作権侵害をした利用者と② AI 開発者・AI サービス提供者の二者に分けて整理されています。

① 生成 AI を利用し著作権侵害をした利用者については，新たな侵害物の生成に対する差止請求，すでに生成された侵害物の利用行為に対する差止請求，侵害行為による生成物の廃棄の請求が認められるとされました。そして，AI 利用者が侵害対象の著作物等を認識していなかった等の事情で故意または過失が認められない場合には，差止請求は受けるものの，刑事罰や損害賠償請求の対象となることはないとされています（ただし，使用料相当額等の不当利得返還請求はありうるとの考えが示されています）。

② AI 開発者・AI サービス提供者に対しては，学習用データセットがその後も AI 開発に用いられる蓋然性が高い場合には生成 AI の開発に用いられたデータセットから侵害行為に係る著作物等の廃棄請求，および，生成によってさらなる著作権侵害が生じる蓋然性が高いといえる場合には，生成 AI に対して技術的な制限を付す方法（（ア）特定のプロンプト入力に対しては生成をしないといった措置，（イ）当該生成 AI の学習に用いられた著作物の類似物を生成しないといった措置等）の請求が認められるとの見解が示されています。このように，いずれも条件つきとはいえ，「侵害の停止又は予防に必要な措置」として，AI 開発者・AI サービス提供者にとって影響力が大きい措置が認められうる方向性が示されたことは注目されますが，当該 AI に関する技術の詳細が外部に公開されていない中で，具体的にどこまで実効性ある措置が裁判所によって認められるかは未知数といわざるを得ません。

2.3.4 AI 生成物の著作物性

AI 生成物は著作物なのか，どのような場合に著作物となるか，という問題です。文化庁素案では，AI 生成物の著作物性は個々の AI 生成物について個別具体的な事例に応じて人間による創作的寄与があるといえるものがどの程度積み重なっているか等を総合的に考慮して判断されるとしています。そのうえで，例として，① 指示・入力（プロンプト等）の分量・内容，② 生成の試行回数，③ 複数の生成物からの選択といった要素を検討することになるとされました。また，人間が AI 生成物に創作的表現といえる加筆・修正を加えた部分については通常，著作物性が認められるが，一方でそれ以外の部分についての著作物性には影響しないとの見解が示されました。

AI 生成物の著作物性については，米国の著作権局が「Midjourney」等の画像生成 AI サービスで生成された画像について相次いで著作権登録を却下する

(a) 著作権登録が否定された例（米国）

(b) 著作権登録が認められた例（中国）

図 3　(a) 米国で著作権登録が否定された例と，(b) 中国で著作権が認められた例。(a) は https://www.copyright.gov/rulings-filings/review-board/docs/Theatre-Dopera-Spatial.pdf（最終アクセス：2024 年 4 月 4 日）より，(b) は https://mp.weixin.qq.com/s?__biz=MzAwNDE3MjA5NA==&mid=2677385275&idx=1&sn=a8ccdbb118604473d8fd198f82df7e30（最終アクセス：2024 年 2 月 20 日）より引用。

判断を下した[5] 一方で，中国の裁判所が画像生成 AI「Stable Diffusion」で生成した画像の著作権を認める判断を下す[6]（図 3 参照）など，今後世界的にどのようにルールがハーモナイズされていくのか，予断を許さない論点といえます。米国著作権局は画像生成サービスの仕組みが利用者にとって十分予測可能なものまたはコントロール可能なものになっていないことを重視し，著作権の発生を否定していますが，従来の創作ツールや創作手法の中にもそのような予測不可能性はありましたし，生成 AI の爆発的な進化に鑑みれば，このような予測不可能性は早晩クリアされるようにも思われます。一方で，AI 生成物の著作物性をハードル低く認めるとすれば，瞬時に大量の生成物を生成することが可能な生成 AI の性質に鑑みると，社会における著作権の発生が過剰になり，後行者の表現の余白を奪う結果となりかねません。このように，生成 AI の著作物性をどのラインで線引きするかは，個別具体的な事例における人間による創作的寄与の程度の問題だけではなく，著作権の目的（著作権法第 1 条）で定められている「公正な利用」と権利の保護のバランス，すなわち表現の自由に関する問題でもあるという観点が重要だと筆者は考えています。

[5] U.S. Copyright Office: "Review Board Decision on A Recent Entrance to Paradise" (Feb. 14, 2022), "Registration Decision on Zarya of the Dawn" (Feb. 21, 2023), "Review Board Decision on Théâtre D'opéra Spatial" (Sept. 5, 2023), "Review Board Decision on SURYAST" (December 11, 2023)

[6] 北京互联网法院，(2023)京 0491 民初 11279 号, https://mp.weixin.qq.com/s?__biz=MzAwNDE3MjA5NA==&mid=2677385275&idx=1&sn=a8ccdbb118604473d8fd198f82df7e30（最終アクセス：2024 年 2 月 20 日）

3 その他の法的留意点

3.1 序論

　ここまで，生成 AI の開発・利用における法的留意点について，最も議論を呼んでいる ① 著作権の帰属・侵害について説明してきました。ここからは，残りの法的留意点として，② 肖像権・パブリシティ権の侵害，③ 個人情報を含むパーソナルデータの不適切利用，④ 秘密情報の漏えいについて，まとめて説明します。これらの問題についても「開発・学習段階」と「生成・利用段階」に分けて検討していきます。

3.2 肖像権・パブリシティ権の侵害

3.2.1 開発・学習段階

　生成 AI の開発・学習に利用される学習データには，人の容姿が含まれる画像または映像が大量に含まれています。人の容姿には，人格的利益に着目した肖像権と，財産的価値に着目したパブリシティ権という 2 つの権利が発生する可能性があります。肖像権は，人がみだりに他人から写真や映像を撮られたり，撮られた写真・映像等をみだりに世間に公表，利用されない権利です。パブリシティ権は，著名人の肖像や氏名に発生する，顧客を惹きつける経済的な利益・価値を排他的に利用する権利です。いずれの権利も，法律上明記されている権利ではなく，人格権に基づく権利として判例・裁判例上認められてきた権利です。肖像権・パブリシティ権侵害が認められる場合，侵害された権利者には差止請求・損害賠償請求などが認められることになります。

　もっとも，開発・学習段階で他人の容姿を含む学習データを利用しても，その学習データを含む学習用データセットを公開する等の特別な事情がない限り，AI 開発者以外の目に触れず，撮影・公表の要素がないため，原則として肖像権侵害は成立しないと考えられます。また，同様に学習に利用するのみであれば，判例・裁判例上，パブリシティ権侵害が認められる 3 類型（① 肖像等それ自体を独立して鑑賞の対象となる商品等として使用する場合，② 商品等の差別化を図る目的で肖像等を商品等に付す場合，③ 肖像等を商品等の広告として使用する場合）のいずれにも該当しないため，原則としてパブリシティ権侵害も成立しません。もっとも，先述したとおり，肖像権もパブリシティ権も判例・裁判例上認められてきた権利であり，その権利範囲は個別の事案や技術の進展等とともに変化しています。特に，肖像権は，人格的利益の侵害が社会生活上受忍限度を超えるか否かで判断するのが判例の判断基準になっています。したがって，何をもって社会通念上受忍限度の範囲内か，範囲外かと判断するかは時代とともに変化するといわざるを得ず，生成 AI という新しい技術の広がりを踏

まえたうえで，開発・学習段階といえども人の容姿に基づく人格的利益が実質的に損なわれていないか，という視点からの検討は欠かせないと考えられます。

3.2.2 生成・利用段階

生成 AI に対する指示・入力情報として人の容姿が含まれる画像や著名人の肖像等を入力する行為自体には，肖像権・パブリシティ権侵害は成立しないと考えられます。

一方で，生成 AI に対する指示・入力情報として人の容姿が含まれる画像や著名人の肖像等を入力することで，学習データに含まれる人の肖像等が出力結果に反映されることがあり，この場合にその学習データに含まれた本人の肖像権や著名人のパブリシティ権を侵害するかが問題となり得ます。

肖像権については，出力された AI 生成物に実在の個人と類似する肖像が含まれている場合でも，実在する個人の肖像であると特定（同定）できなければ，肖像権侵害は成立しません。そして，単に似ているだけではなく，実在する個人が特定される出力結果となる場合はかなり限定的なのではないかと思われます。仮に，実在する個人の肖像と特定できる出力結果を含む AI 生成物が利用された場合，肖像権侵害が成立するかは，現時点で裁判例がありませんので，既存の判例・裁判例に従って検討するほかありません。肖像権侵害の成否については，① 被撮影者の社会的地位，② 撮影された被撮影者の活動内容，③ 撮影の場所，④ 撮影の目的，⑤ 撮影の態様，⑥ 撮影の必要性等の要素を総合考慮して，人格的利益の侵害が社会生活上受忍限度を超えるか否かで判断するとされています。ポイントは，実在する個人が特定される出力結果が生成された場合でも，学習データとなった画像の内容や出力結果の利用態様等，諸要素を総合考慮したうえで，社会生活上受忍限度を超えると判断されなければ，肖像権侵害は成立しないという点です。そして，社会生活上受忍限度を超えるか否かは，生成 AI という新しい技術の広がりを踏まえたうえで時代とともに変化するといわざるを得ないことは，すでに先述したとおりです。開発・学習段階から生成・利用段階までの一連の肖像の利用について，本人の人格的利益が実質的に損なわれていないかの検討が重要になります。

他方，パブリシティ権については，これも先述のとおり，3 類型（① 肖像等それ自体を独立して鑑賞の対象となる商品等として使用する場合，② 商品等の差別化を図る目的で肖像等を商品等に付す場合，③ 肖像等を商品等の広告として使用する場合）に該当するか否かで判断されます。生成 AI を利用して特定の著名人だと特定できる画像や映像を生成し，その肖像等を鑑賞の対象として商品等を販売する行為は 3 類型のうちの類型 ① に該当し，パブリシティ権侵害

が成立すると考えられます。

　なお，判例上，パブリシティ権の対象となる「肖像等」には声も含まれると考えられているため，音声を生成する AI の場合には，上記 3 類型に従って声のパブリシティ権侵害も問題になる可能性があります。

　また，パブリシティ権は人間の人格権に由来するため，その保護対象は実在する人間に限られるとするのが現在の日本の判例の考え方です。したがって，著名なキャラクターや作品，動物等の利用についてパブリシティ権侵害は認められません。

　さらに，他人の容姿を無断で利用し偽画像や偽動画を生成する「ディープフェイク」の作成が，生成 AI の利用により容易になっています。個別の肖像権やパブリシティ権の侵害のみならず，誤情報（フェイクニュース）の生成・拡散という観点からも別途法規制が必要なのではないか，と世界中で議論がなされています。

3.3　個人情報を含むパーソナルデータの不適切利用

3.3.1　開発・学習段階

　生成 AI の開発・学習段階では，インターネット上をクローリングして収集してきたデータにパーソナルデータ（個人に関する情報）が含まれる場合だけではなく，マーケティングを目的として，個人の趣味嗜好，性別，年齢，居住地，行動パターン等を分析する行動ターゲティングのためにパーソナルデータを積極的に学習させる場合などは，学習データにパーソナルデータが含まれ得ます。ここでは日本法を前提に，個人情報保護法上の問題を検討していきます。

　AI 開発者が個人情報を用いて AI を開発する場合，当該 AI 開発者は「個人情報取扱事業者」として，個人情報の利用について，利用目的を通知・公表し，その範囲内で利用することを求められます。したがって，AI 開発者はプライバシーポリシー等で通知・公表した利用目的の範囲内で個人情報を利用する必要があります。ここで，プライバシーポリシー等において利用目的として学習目的で利用することが明記されていない場合に，AI サービス提供者がユーザーにより入力された個人情報を学習目的で利用することができるかが実務上，問題となります。しかし，複数の個人情報を用いた学習により得られる学習済みパラメータは，当該パラメータと特定の個人との対応関係が排斥されている限りにおいては「個人に関する情報」に該当しないとされています[7]。AI 開発におけるほとんどの学習において，このような個人との対応関係が排斥されているため，法的には学習目的で利用することを利用目的に記載しておく必要はないことになります。

[7] 個人情報保護委員会「『個人情報の保護に関する法律についてのガイドライン』に関するQ&A（平成 29 年 2 月 16 日（令和 5 年 3 月 31 日更新））」（以下「Q&A」）Q&A1-8

次に，個人情報をデータベース化した「個人データ」を第三者に提供する場合，個人情報保護法上，第三者保護規制として本人の同意を取得するか，オプトアウト手続が必要です。インターネット上からクローリングして収集した個人情報はデータベース化されていないことが多いため，この場合「個人データ」に該当しません。一方で，ユーザーから取得した個人情報はほとんどの場合，データベース化されているため，原則として「個人データ」に該当します。したがって，AI開発のために「個人データ」の提供を受けたり，「個人データ」を提供する場合，本人同意かオプトアウト，もしくは委託や共同利用など第三者提供に関する義務の適用がない方法をとる必要があります。また，外国にいる第三者に個人データを提供する場合には，その外国の個人情報保護制度の情報を提供する等の手続が必要になります。

　パーソナルデータの取り扱いについて最も問題となるのは，個人情報保護法上，「要配慮個人情報」（人種，信条，社会的身分，病歴，犯罪の経歴などが含まれる個人情報）を取得する段階で本人の同意が必要とされている点です。インターネット上で公開されている要配慮個人情報の多くは，本人や報道機関などにより公開されている場合の適用除外（個人情報保護法57条1項1号）として，例外的に本人の同意の取得は不要と整理することが可能です[8]。しかし，すべての要配慮個人情報がこの例外に該当するか不明ですし，データを取得するにあたっては，収集する情報に要配慮個人情報が含まれないように注意する必要があります。この点については，データ収集の段階で要配慮個人情報を含むパーソナルデータをフィルタリング等の技術により除去するアプローチも研究されていますが，現状では完全な除去は難しいようです。

3.3.2 生成・利用段階

　まず，AIサービス提供者側から見ると，AI利用者が入力した個人情報を取得する場合，利用目的規制や要配慮個人情報などの取得規制を考慮する必要があります。

　また，出力されたAI生成物に個人情報が含まれる場合，AIサービス提供者からAI利用者に対する第三者提供に該当しないかが問題になりますが，個人情報を出力する学習済みモデルは特定の個人情報を検索できるよう体系的に構成された「個人情報データベース等」に該当しないことがほとんどだと考えられるため，このような学習済みモデルから出力された個人情報は「個人データ」に該当せず，第三者提供規制がかからない可能性が高いと考えられます。

　次に，AI利用者側の視点で見ていきます。生成AIに対する指示・入力情報に第三者の個人情報が含まれる場合，開発・学習段階と同様に，利用目的規制がありますので，利用目的の達成に必要な範囲を超えて個人情報を指示・入力

[8] 個人情報保護委員会「個人情報の保護に関する法律についてのガイドライン（通則編）」（以下「GL通則編」）3-3-2 (8)

しないように注意する必要があります。

　また，生成 AI に対する指示・入力情報に「個人データ」を入力する場合，AI サービス提供者という第三者に個人データを「提供」することになるので，上述のとおり，第三者提供規制として，本人の同意を取得するか，オプトアウト手続が必要になるのが原則です。もっとも，クラウドサービス提供事業者と同様に，AI サービス提供者が利用者により入力された個人データを AI による分析および出力以外（たとえば AI の学習）に利用しないことが担保されている場合には，そもそも「提供」に該当しないとして，本人同意が不要であるという考え方[9] や本人同意が不要な「委託」として整理できるという考え方[10] 等が提案されています。

[9] 個人情報保護委員会「生成 AI サービスの利用に関する注意喚起等」（令和 5 年 6 月 2 日）Q&A7-53, 7-54
[10] 個人情報保護委員会・GL 通則編 3-6-1 (1)

3.4　秘密情報の漏えい

3.4.1　開発・学習段階

　次に，生成 AI を巡る秘密情報の漏えいの懸念について，法的留意点を検討します。これは先述したパーソナルデータの不適切利用と併せて，生成 AI を巡るデータセキュリティの問題と整理できます。

　学習データに企業の営業秘密を含む秘密情報が含まれていたとしても，その開発・学習行為やそれらの行為によって開発された生成 AI の利用が自社内に留まる場合には，原則として秘密情報の漏えいの問題は生じません。一方で，当該生成 AI を第三者に提供する場合には出力結果に秘密情報が含まれうるため，秘密情報の漏えいが問題になります。

　また，秘密情報の取り扱いの目的に AI の開発・学習が含まれていないにもかかわらず，当該秘密情報を学習に利用してしまう場合や，当該秘密情報を学習した生成 AI を通じて当該秘密情報が第三者に漏えいしてしまった場合，第三者の秘密情報の提供を受ける際に締結した，秘密情報の目的外利用の禁止や秘密保持義務が定められている契約に違反し，秘密情報の開示者から差止請求や損害賠償請求を受ける可能性があります。この場合，秘密情報が不正競争防止法上の営業秘密や限定提供データに該当する場合には，契約上の義務に違反した自社利用または第三者提供は，図利加害目的が認められ，不正競争行為に該当する可能性があります（営業秘密については不正競争防止法 2 条 1 項 7 号，限定提供データについては同法 2 条 1 項 14 号）。

　これらの秘密情報の取り扱いに関する注意は生成 AI 特有の問題ではありませんが，生成 AI の利用により顕在化しやすくなる懸念があるため，改めて注意が必要です。

3.4.2 生成・利用段階

　生成 AI は，企業内でも文書の要約・翻訳，図やイラストの作成，新しいアイデアの壁打ち，議事録の作成，開発中のコードレビューなどにすでに利用されていますが，その際に指示・入力情報に秘密情報が含まれるおそれがあります。

　第三者から提供を受けた秘密情報を指示・入力情報として入力した場合，AI サービス提供者に秘密情報を開示したことになるかが問題になります。これは当該秘密情報を受領する際に締結した開示者との契約の解釈の問題ですが，AI サービス提供者がその秘密情報を学習データとして利用する場合には，秘密保持契約上の目的外利用や生成 AI を通じての第三者への漏えいが問題になりうるでしょう。一方で，AI サービス提供者が学習データとして利用しないことが明示されている場合には，目的外利用や第三者への漏えいは生じていないと判断する契約文言の解釈もありうるでしょう。

　また，開発・学習段階と同様に，契約に違反して秘密情報を取り扱う場合，別途不正競争防止法違反が成立する可能性があります。

4　おわりに代えて──AI に関する国際的な規制の動向とルール形成

　本稿では，生成 AI の開発・利用における法的留意点を ① 著作権の帰属・侵害，② 肖像権・パブリシティ権の侵害，③ 個人情報を含むパーソナルデータの不適切利用，④ 秘密情報の漏えいの 4 点に分けて解説してきました。生成 AI の開発・利用を巡っては，本稿で述べた法的留意点を意識しさえすれば，その開発・利用を踏み留まるほどの大きなリスクは見当たらないといっても過言ではないでしょう。

　生成 AI に限らず，AI に関する法規制の議論は，日本では著作権については文化庁，その他の知的財産権については内閣府・知的財産戦略本部，それ以外については内閣府・AI 戦略会議において急ピッチで進められています。本稿の記載も来年，いや今年の後半には古びている可能性も否定できません。

　このような AI に関する法規制の動向は，国際的にも同様です。AI 開発に関する国際的な規制については，EU が AI 法（AI Act）で先行しています。具体的には，AI 機器・サービスをリスクに応じて分類し，それらの分類ごとに規制内容が変わってきます。許容できないリスクを含む AI については禁止，ハイリスクな AI については規制し，また開発者に対してモデルが遵守すべき要件を設定し，違反した場合には最大 3500 万ユーロまたはグローバルでの売上の 7% という高額の罰金を課します。EU はこの AI 法を 2024 年内に成立させ，成立後 6 か月で部分的に施行，成立後 2 年以内に全面的に施行するとしています。この AI 法は AI 全般に関する規制法ですが，生成 AI については「基盤モデル」

各国のフロンティアAIモデル開発者に関する規制の比較

	米国	欧州	日本 （本素案）
規制内容	・15社による8項目の自主誓約 ・デュアルユース品については国防生産法の規律に	・許容できないリスクについては禁止、ハイリスクAIについては規制 ・開発者に対してはモデルが遵守すべき要件設定	・7項目の体制整備義務
罰則	・国防生産法に違反すれば罰則対象に	・罰則対象：最大3500万ユーロまたはグローバル売り上げの7％	・罰則あり。金額等は今後の検討
施行時期	・未定。但し、本年1月29日に規則案が公表	・法律成立後2年以内	・今後の検討

図4 自民党 AI の進化と実装に関する PT WG 有志「責任ある AI の推進のための法的ガバナンスに関する素案」（2024 年 2 月）10 頁。https://note.com/akihisa_shiozaki/n/n4c126c27fd3d?sub_rt=share_b（最終アクセス：2024 年 2 月 20 日）

を定義して，上乗せ規制を置いています。「基盤モデル」は，「広範なデータで大規模に訓練され，出力の汎用性を考慮して設計され，幅広い特徴的なタスクに適応できる AI モデル」と定義されています[11]。

一方で，米国は，政府の主導で，AI 主要 15 社が 8 項目の自主ルールを誓約する自主規制型で進んでいます。日本は，米国と同様，AI 全般に関する規制法を作るのではなく，AI 開発者・AI サービス提供者に一定の体制整備義務を課したうえで，その規格や詳細については民間の自主的なルールに委ねる，いわゆる共同規制型のアプローチで進んでいると考えられます。2024 年 2 月には，自民党が「責任ある AI 推進責任法（仮）」の法案を公表しましたが，この法案では規制対象を「特定 AI 基盤モデル」に限定しています。このように，EU，そして中国では事前規制型，米国や日本では自主規制型または共同規制型とさまざまな形で国際的なルール形成が進んでおり，まさに百家争鳴といえる状況です。

このような国際的な動向も頭の片隅に置いていただきつつ，本稿で示した法的留意点を踏まえ，ぜひ大胆に楽しく生成 AI の学習・利用を進めていただきたいと思います。本稿が少しでも皆様の生成 AI の開発・利用に役立つことがあれば幸いです。

みずの たすく（シティライツ法律事務所）

[11] 2023 年 6 月に欧州議会により採択されたものが，現在正式に公表されている最新の法案（Amendments adopted by the European Parliament on 14 June 2023 on the proposal for a regulation of the European Parliament and of the Council on laying down harmonised rules on artificial intelligence (Artificial Intelligence Act) and amending certain Union legislative acts, European Parliament, 2023）3 条 1 項（1c）。https://www.europarl.europa.eu/doceo/document/TA-9-2023-0236_EN.html（最終アクセス：2024 年 2 月 20 日）

フカヨミ テキストからの動作生成
複数人の調和した動作生成の幕開け！

■田中幹大

　近年の生成技術の急速な発展に伴い，3次元の人の動きを生成する研究も発展してきているのをご存知だろうか。3次元の人の動きをモデリングする技術は，映画，アニメーション，ゲーム，VR，ロボティクスなど，さまざまなアプリケーションに繋がる。特に，事前にデザインされたキャラクターなどを動かす対象とするため，一から動画像を生成するのに比べて一貫性のある映像を作りやすい。また，明示的な3次元表現を扱うことで，3次元の仮想空間内で実際にキャラクターを動かせるのもメリットである。

　現在，キャラクターに動きをつけるには，アニメーターが動きを手作業で付与する方法と，モーションキャプチャーによって計測した人の実際の動きを利用する方法が主流となっている。しかし，どちらも高コストで，キャラクターが自在に動くような世界観とはギャップがある。ここで，過去に集めた動作データを用途に応じて再利用することができれば，意図したような動きを即座に作り出せる。そのため，このような応用を見据えて，近年言語による動作の検索，さらにはそこから生成まで研究が行われてきている。また，これまでの研究は1人の動作を対象としていたが，今後は複数人登場する場合も考えることが重要となっていくと予想される。

　1節では，1人の動作生成の研究について説明する。そして，2節ではICCV2023に採択された筆者らの研究である，テキストから2人の共同動作を生成する研究について紹介する。

1　1人の動作生成

　本節ではまず，3次元の人の動きを生成する問題設定について説明する。次に，これまでの1人の動作生成の研究の流れについて説明する。最後に，本稿で紹介する共同動作生成の手法のベースとなっている，MotionDiffuse [1] という拡散モデルを用いた動作生成手法を説明する。

1.1 問題設定

　3次元の人の動きを生成する研究では，人間の代表的な関節の動きをモデリングすることが多い。関節の動きから実際に人が動いているような動画を作るときは，たとえば図1に示す，Skinned Multi-Person Linear model（SMPL）[2] というモデルがよく用いられる。SMPL は，10次元のパラメータによって体型を表し，体の向きを表す3次元ベクトルと23個の関節ごとの3次元回転パラメータによってポーズを表す[1]。事前に定義した6,890頂点のメッシュからなるテンプレートに対して，この形状とポーズに関する変形を行うことで，さまざまな体型・ポーズの人を表現する。そのため，（それぞれの関節の3次元座標）×（フレーム数分）の座標値を決定すれば，SMPL をフィッティングすることによって実際の人が動いているような動画を作ることができる。

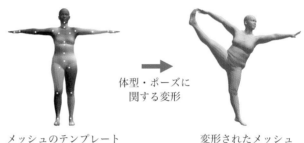

体型・ポーズに
関する変形

メッシュのテンプレート　　　　　　変形されたメッシュ

図1　SMPL モデル [2] による体型・ポーズの表現方法（図は SMPL の論文の図を利用して作成した）。左図はメッシュのテンプレートであり，白い点は関節点，色は各メッシュの関節点からの影響度を示す。これらを変形することで，さまざまな体型・ポーズの人を表現する。

1.2　1人の動作生成の関連研究

　近年，入力ラベルやテキストに応じた多様な3次元の人の動作を，深層学習によって生成する試みが盛んに行われるようになってきている。その先駆けとなった試みの1つに，ACTOR [4] と呼ばれる手法がある。これは Transformer [5] をベースとしたエンコーダーとデコーダーを用い，行動ラベルを条件付けした潜在空間を，変分オートエンコーダー（variational auto encoder; VAE）[6] によって学習している。推論時はガウス分布からランダムにサンプルした潜在ベクトルと行動ラベルをデコーダーに入力することで，条件付けされた動作生成を実現する。

　その後，Contrastive Language-Image Pre-training（CLIP）[7] の登場を機に，言語と他のモーダルを繋ぐクロスモーダルな研究が加速しており，動作生成においてもテキストを入力とする研究が注目を集めている。さらにその後，拡散モデル [8] が登場し，画像生成の品質を大きく向上させた。拡散モデルは，

動作生成においても同様に有効性が確認され，より自然かつさまざまな言語指示に応じた動作生成の実現に一役買っている。

　現在, テキストからの動作生成で最も一般的なベンチマークでは, HumanML3D [9] というデータセットが用いられている。動作データは, 1 件当たり 2〜10 秒の長さのものが 14,616 件含まれている。これらに対して複数の説明文がつけられており，文章の総数は 44,970 件となっている。動作データは収集コストがとても大きいため，データセットのスケールは, CLIP が 40 億の画像テキストペアを用いていたのと比較すると，まだまだ小さい。また, HumanML3D は手や顔の動きは含まれておらず，近年ではこれらの課題を解決するために動画から推定した動作を用いてデータセットを拡張するアプローチ [10] も提案されてきている。

1.3　拡散モデルを用いた 1 人の動作生成

　この項では，本稿で紹介する 2 人の共同動作生成手法のベースとなった，拡散モデルを用いて動作を生成する MotionDiffuse [1] について説明する。3 次元の人の動きは，図 2 のようにランダムなノイズからの逆拡散過程によって生成することができる。まず, F をフレーム数, $[x_1, \ldots, x_F]$ を各フレームでのポーズ表現[2] としたとき，あるデータ $X^{(0)} = [x_1, \ldots, x_F]$ を実データの分布 $q(X^{(0)})$ からサンプルし, T ステップのノイズを順に付与していくことで $X^{(1)}, \ldots, X^{(T)}$ を得る。この過程は拡散過程と呼ばれ，ガウシアンノイズを以下の式のように順に加えていくことで表現できる。

$$q(X^{(1:T)}|X^{(0)}) = \prod_{t=1}^{T} q(X^{(t)}|X^{(t-1)})$$

$$q(X^{(t)}|X^{(t-1)}) = \mathcal{N}\left(X^{(t)}; \sqrt{1-\beta_t}X^{(t-1)}, \beta_t I\right)$$

(1)

[2] ここではポーズ表現として, 263 次元のベクトルが用いられている。このベクトルには, 体全体の位置や動きを表すための項と，ポーズを表すための関節の位置・回転・速度を表す項が含まれている。

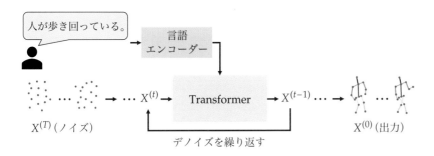

図 2　MotionDiffuse [1] の推論過程の概要。（ポーズ表現の次元）×（フレーム数）のノイズから始まり，ノイズ推定を T ステップ繰り返すことで，動作を生成する。

ここで，β_t は各ステップの分散であり，最終的に得られる $X^{(T)}$ はおよそ正規分布 $\mathcal{N}(0, I)$ に従う。

逆拡散過程では，以下の式のように推定された $\mu_\theta(X^{(t)}, t)$ と $\Sigma_\theta(X^{(t)}, t)$ に従うガウシアンノイズを順に加えていくことで，ランダムなノイズから徐々にノイズを取り除いていく。

$$p_\theta(X^{(0:T)}) = p_\theta(X^{(T)}) \prod_{t=1}^{T} p_\theta(X^{(t-1)}|X^{(t)}) \tag{2}$$

$$p_\theta(X^{(t-1)}|X^{(t)}) = \mathcal{N}\big(X^{(t-1)}; \mu_\theta(X^{(t)}, t), \Sigma_\theta(X^{(t)}, t)\big)$$

MotionDiffuse [1] では $\Sigma_\theta(X^{(t)}, t)$ は定数とし，Transformer [5] をベースとしたノイズ推定器 ϵ_θ を用いて $\mu_\theta(X^{(t)}, t)$ のみを推定し，これを繰り返すことで動作を生成する。サンプルするランダムノイズを ϵ，ステップ数を t，入力文章を $text$ としたとき，以下のロスを最小化するように学習を行う。

$$\mathcal{L} = E_{t \in [1,T], X^{(0)} \sim q(X^{(0)}), \epsilon \sim \mathcal{N}(0,I)} \big[\| \epsilon - \epsilon_\theta(X^{(t)}, t, text) \| \big] \tag{3}$$

2　2人の共同動作生成

この節では，まず従来の共同動作生成の研究の課題を説明する。その後，筆者らの論文 [11] で提案している 2 人の共同動作生成手法について解説していく。

2.1　2人の共同動作生成の従来研究の課題

近年ようやく 1 人の動作生成の取り組みが盛んになったばかりなこともあり，2 人の共同動作の生成はまだまだ取り組みが少ない。これまでの共同動作生成手法の中で最も性能が良かったのは，DSAG [12] という手法であった。DSAGは共同動作のラベルから Gaussian Mixture VAE [13] という手法を用いて，2 人分の動作をまとめて生成していた。DSAG は生成品質自体に課題があったが，このアプローチにはもう一点，図 3 のように単一のラベルや記述（テキスト）から 2 人の共同動作を生成しようとするために，ある一部の共同動作で問題が生じていた。たとえば，「囁く」という動作では，一方が「囁く」のに対し，もう一方は「囁かれる」ことになる。しかし，この 2 人の動作を図 3 のように 1 つの記述と対応付けようとすると，特に受け手の動きと記述が矛盾してしまう問題が生じる[3]。

論文 [11] では，このように行動の主体と受け手が存在する動作を非対称な共同動作，両者が同じ行動をとる動作を対称な共同動作と呼んでいる。個々の動きと記述の正しい対応関係を学習するためには，図 4 のように，非対称な共同

[3] より直近では，拡散モデルによってテキストから 2 人の共同動作を生成する研究も出てきているが [14, 15]，これらも同様の課題を抱えている。

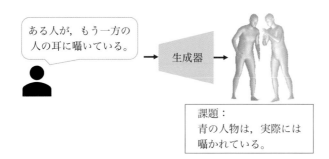

ある人が，もう一方の
人の耳に囁いている。

生成器

課題：
青の人物は，実際には
囁かれている。

図 3　従来の研究では，単一のラベルや記述から 2 人の共同動作を生成してい
た。しかし，これでは，一部の共同動作において通常能動態で記述される入力
テキストと，受動態で記述されるべき受け手の行動が対応しない問題があった。

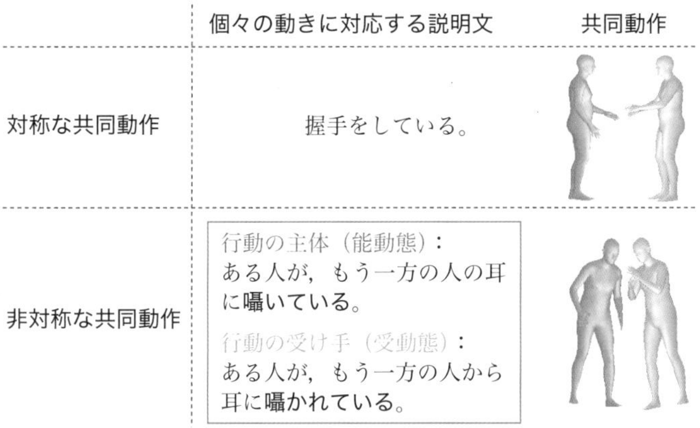

	個々の動きに対応する説明文	共同動作
対称な共同動作	握手をしている。	
非対称な共同動作	行動の主体（能動態）： ある人が，もう一方の人の耳 に囁いている。 行動の受け手（受動態）： ある人が，もう一方の人から 耳に囁かれている。	

図 4　共同動作には 2 種類がある。両者の行動が共通の場合を対称な共同動作，
行動の主体と受け手が存在する場合を非対称な共同動作と呼ぶ。後者では，主
体の動きに能動態，受け手の動きに受動態の記述が対応する。

動作では行動の主体・受け手とで，それぞれ能動態・受動態の記述の対応をと
ることが重要になる。このように正しい対応をとる 1 つ目のメリットは，人物
ごとに役割を指示して共同動作を生成できるようになることである。これに加
え，もう 1 つ大きなメリットがある。それは，1 人の単独の動作を収録したデー
タセットの知識を利用できることである。2 人の共同動作のデータセットは，1
人の動作より収集コストが大きい。そのため，矛盾のない個々の動作と記述の
対応を考えて，それぞれ単独の動作として扱うことで，コストを削減できる。

2.2　2 人の共同動作生成モデル

　論文 [11] では，1 人の動作生成モデルである MotionDiffuse [1] を拡張する形で，
2 人の共同動作生成モデルを提案している。まず，2 人の動きを $X_1 = [x_0^1, \ldots, x_F^1]$,

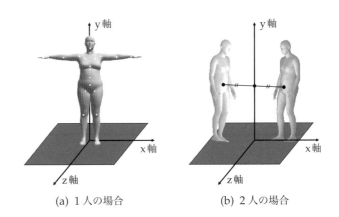

(a) 1 人の場合　　　　　　(b) 2 人の場合

図 5　1 人と 2 人の座標のとり方の違い（左図は SMPL の論文 [2] の図を利用
して作成した）。論文 [11] では，2 人の座標をとる際に，最初のフレームの 2 人
の root を結んだ中央の x, z 座標がともに 0 になるように正規化しているため，
初期の位置と向きに自由度がある。

$X_2 = [x_0^2, \ldots, x_F^2]$ とする。ここで，1.3 項の 1 人の動作生成ではなかった x_0 が
導入されていることに注意する。これは，2 人の人物が登場することで，その相
対的な位置関係を考慮する必要が出てくるためであり，図 5 に 1 人の場合との
座標のとり方の違いを示す。1 人の場合，より具体的には一番最初のフレームの
腰のあたりの root と呼ぶ点から x, z 座標に下ろした点を原点とし，足を xz 平
面に接地させ，体の向きを z 軸方向とするように座標をとる。一方，論文 [11]
で 2 人の座標をとる際は，両者の腰のあたりの関節点の中心の x, z 座標を 0 と
しており，x_0 は一番最初のフレームの 2 人の位置と向きを表している。

　まず，図 4 で示したような個々の動きに対応した文章がつけられたデータセッ
ト $((X_1, text_1), (X_2, text_2))$ がある場合について説明する。提案モデルの全体像
を図 6 に示す。2 人分の動きをモデリングするために，図 2 の MotionDiffuse
をパラメータを共有する形で 2 つ用意し，2 人の動作間の関係性を考慮するた
めに相互注意機構（cross attention）を導入している。最終的なロス関数は，式
(3) を 2 人用に拡張する形で，以下を最小化するようにモデルを学習させる。

$$\mathcal{L} = E_{t \in [1,T], (X_1^{(0)}, X_2^{(0)}) \sim q(X^{(0)}), \epsilon_1 \sim \mathcal{N}(0,I), \epsilon_2 \sim \mathcal{N}(0,I)} \tag{4}$$
$$\left[\|\epsilon_1 - \epsilon_\theta(X_1^{(t)}, t, text_1)\| + \|\epsilon_2 - \epsilon_\theta(X_2^{(t)}, t, text_2)\| \right]$$

　従来手法と異なり個々の動作と記述の正しい対応関係を学習する利点として，
図 6 において，言語エンコーダーと Transformer 部分は 1 人の動作生成用の
データセットで事前学習できることが挙げられる。これによって，モデルは一
から動作生成を学ぶのではなく，2 人の相互作用に焦点を当てて学習しやすく
なるため，より効率的に共同動作生成を学習することができる。

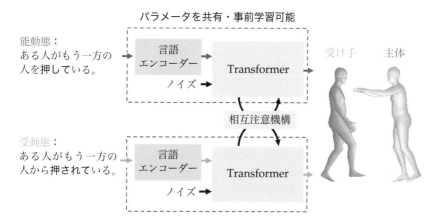

図6　論文 [11] における 2 人の共同動作生成モデルの概要。能動態・受動態の指示を行うことで，行動の主体・受け手それぞれに動作を生成する。2 つの言語エンコーダーと Transformer はパラメータを共有し，その間の相互注意機構によって相互作用を考慮する。破線の赤枠部分は 1 人の動作と記述のペアデータによって事前学習することができる。

2.3　役割の分離

前項で説明した手法を用いるには，図 4 の非対称な共同動作において，2 人のうちどちらが主体でどちらが受け手かの情報が必要となる。しかし，これにはアノテーションコストがかかる。そこで，本項では，共同動作のカテゴリ c^i のみが付与されている状況 (X_1, X_2, c^i) から，少ないアノテーションコストで動作の役割を分離し，$((X_1, text_1), (X_2, text_2))$ を得る手法について説明する[4]。

まず，共同動作のカテゴリ c^i ごとに 2 つの学習可能なパラメータ $w_1^i \in \mathbb{R}^{1 \times d}$，$w_2^i \in \mathbb{R}^{1 \times d}$ を用意する。そして，図 7 のように，図 6 における言語特徴の代わりに w_1^i, w_2^i を入れ替えた 2 通りのガイダンスによって 2 種類の予測を行い，以下の式によってロスが小さいほうを選択して誤差逆伝播を行う。

$$\mathcal{L} = E_{t \in [1,T], (X_1^{(0)}, X_2^{(0)}) \sim q(X^{(0)}), \epsilon_1 \sim \mathcal{N}(0,I), \epsilon_2 \sim \mathcal{N}(0,I)}$$
$$\left[\min(\|\epsilon_1 - \epsilon_\theta(X_1^{(t)}, t, w_1^i)\| + \|\epsilon_2 - \epsilon_\theta(X_2^{(t)}, t, w_2^i)\|, \right. \tag{5}$$
$$\left. \|\epsilon_1 - \epsilon_\theta(X_1^{(t)}, t, w_2^i)\| + \|\epsilon_2 - \epsilon_\theta(X_2^{(t)}, t, w_1^i)\|) \right]$$

これは複数話者の音源分離でよく用いられる Permutation Invariant Training [16] と似た手法であり，学習が進むにつれて，w_1^i, w_2^i はそれぞれ行動の主体か受け手の役割の特徴を獲得していく。どちらの役割が獲得されたかは，実際に生成してみるか，少量のラベル付き正解データと照合することで確認できる。最後に，すべての訓練データに対してこのモデルによる役割の分類を行うことで，所望のデータセットを得ることができる[5]。

4) カテゴリ c^i に相当する文章は論文 [11] では人手で用意したが，ChatGPT などを利用することも考えられる。

5) ここでは動作生成モデルを用いて主体・受け手の分類を行っているが，同様の方法で画像生成モデルによってカテゴリの分類を行う研究も出ている [17]。詳しくはこちらの論文も参照されたい。

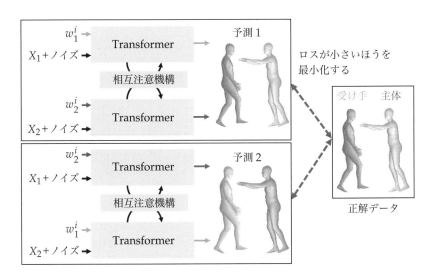

図 7　行動の主体と受け手を分離する手法の概要図。w_1^i, w_2^i を用いて 2 種類の
ノイズの予測を行い，より正しく予測できたほうを選択してロスを最適化する。

2.4　共同動作生成例

　実際に生成した例を図 8 に示す。ここでは，NTU-RGB+D 120 [18] という 26
カテゴリの共同動作を含むデータセットを利用している。比較手法としては，
DSAG（従来手法）[12] と図 6 から相互注意機構を抜いたベースライン（Two
Transformers）を示している。提案手法では役割を指示した生成が可能となっ
ており，かつ最も自然な共同動作が生成されている。ベースラインは 2 人の動
きの関係性を考慮できないため，図の (1) の例のように，辻褄が合わない共同

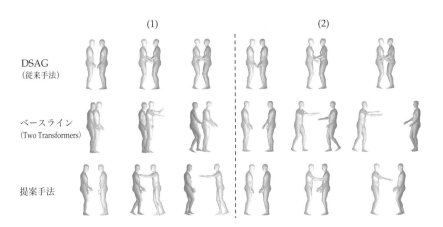

図 8　「押す」という動作に対する各手法での 2 種類の生成例。提案手法では
ピンクの人物に能動態，青の人物に受動態の記述を与えることで役割の指示が
できており，かつ最も自然な共同動作が生成できている。

動作も生成されてしまっている。

　生成された共同動作の品質を定量的に測るには，生成された動作の入力テキストへの忠実性・自然さ・多様性の観点が重要となる。これらを測るために，1人の動作生成では一般的に，まず動作の認識モデルを用意し，(1) 正解率：生成データが入力と同じカテゴリに識別されるか，(2) Frechet Inception Distance (FID) [19]：正解データと生成データの特徴量の分布が一致しているか，(3) 多様性：特徴量は適度に分散しているか，といった評価指標が用いられる。共同動作の場合でも，これらの指標は1人の動作に倣って測ることができる。

　しかし，2人の動作の自然さを評価するためには，これらに加えて2人の動作の辻褄が合っているかを表す指標が必要になる。そこで，論文 [11] では，相互一貫性（mutual consistency）と呼ぶ指標を提案している。この指標を使うためには，まずデータセットから2人の正しい動作のペアをバラバラにして組み合わせることで2人の動作の辻褄が合わない誤ったペアを作り，正しいペアと誤ったペアを見分けるモデルを訓練する。そして，生成された共同動作の位置関係やタイミングがこのモデルによって正しいと見なされた割合によって，2人の動作の自然さを評価する。

　定量的な比較結果を表1に示す。提案手法は従来手法のDSAGを大きく上回る性能を示している。ここで，ベースラインは図8では破綻した生成結果も見られたが，既存の評価指標では許容できる値となってしまっていることに注目したい。これは，共同動作の性能を測るには1人用の評価指標のみでは不十分であることを示している。一方，相互一貫性指標を見ると，ベースラインでは約半数の生成結果が破綻していることが確認でき，2人の動きの一貫性を測ることの重要性がわかる。最後に，提案手法+pretrained は1人の動作データで事前学習した結果であり，特に正解率が向上していることから，共同動作生成における，1人の動作に関する事前知識の有効性が確認できる。

表1　生成結果の定量評価。矢印の方向が↓・↑のものはそれぞれ値が小さい・大きいほど良く，→ は正解データに近いほど良い。

手法	正解率 ↑	FID ↓	多様性 →	相互一貫性 ↑
正解データ	84.8±0.1	0.0±0.0	32.98±0.40	99.6±0.0
DSAG [12]	46.8±0.6	311.7±2.2	26.11±0.33	88.6±1.4
ベースライン (Two Transformers)	73.2±0.6	21.1±1.0	31.79±0.58	46.3±0.7
提案手法	76.1±0.4	13.1±0.6	**32.47±0.50**	98.3±0.3
提案手法+pretrained	**79.9±0.7**	**12.8±0.4**	31.92±0.28	**98.9±0.2**

3　まとめ

　本稿では，テキストによって個々の役割を指示し，2人の共同動作を生成する研究を紹介した。複数人の動作生成はこれまで技術的な難易度が高いと思われてきたが，昨今の生成技術の発展によって十分にチャレンジしていける課題になってきたことがわかる。一方で，本稿で紹介した研究にはまだまだ改善すべき点が残っている。たとえば，この研究で生成するのは数秒ほどの2人の動作であるが，これがたとえば3人以上であったり，1分などより長い動作であったりすると，相互の動きの関係性を捉えることはいっそう難しくなり，計算量の観点からもより洗練されたモデルの設計が必要になると考えられる。重力や摩擦などの物理法則に従う動作を生成するために，物理エンジンの利用が注目されつつある [20] が，相互作用が発生するような複数人の共同動作では，より物理を考慮する重要性が増してくるであろう。また，今回は限られたカテゴリの動作生成に留まったが，さらなるデータ収集，または1人の動作データの利用，さらにはWeb上の動画なども用いて，より幅広い動作を生成できるようにしていくことも，とても重要な研究課題である。さらには，物を扱う動作 [21]，3次元の環境を考慮した動作 [22] などの研究も進んできており，これらを統合したより魅力的な応用にも注目したい。

参考文献

[1] Mingyuan Zhang, Zhongang Cai, Liang Pan, Fangzhou Hong, Xinying Guo, Lei Yang, and Ziwei Liu. MotionDiffuse: Text-driven human motion generation with diffusion model. *arXiv preprint arXiv:2208.15001*, 2022.

[2] Matthew Loper, Naureen Mahmood, Javier Romero, Gerard Pons-Moll, and Michael J. Black. SMPL: A skinned multi-person linear model. In *ACM Transactions on Graphics (TOG)*, 2015.

[3] Georgios Pavlakos, Vasileios Choutas, Nima Ghorbani, Timo Bolkart, Ahmed A. A. Osman, Dimitrios Tzionas, and Michael J. Black. Expressive body capture: 3D hands, face, and body from a single image. In *CVPR*, 2019.

[4] Mathis Petrovich, Michael J. Black, and Gül Varol. Action-conditioned 3D human motion synthesis with Transformer VAE. In *ICCV*, 2021.

[5] Ashish Vaswani, Noam Shazeer, Niki Parmar, Jakob Uszkoreit, Llion Jones, Aidan N. Gomez, Łukasz Kaiser, and Illia Polosukhin. Attention is all you need. In *NeurIPS*, 2017.

[6] Diederik P. Kingma and Max Welling. Auto-encoding variational bayes. In *ICLR*, 2014.

[7] Alec Radford, Jong Wook Kim, Chris Hallacy, Aditya Ramesh, Gabriel Goh, Sandhini Agarwal, Girish Sastry, Amanda Askell, Pamela Mishkin, Jack Clark, et al. Learning transferable visual models from natural language supervision. In *ICML*, 2021.

[8] Prafulla Dhariwal and Alex Nichol. Diffusion models beat GANs on image synthesis. In *NeurIPS*, 2021.

[9] Chuan Guo, Shihao Zou, Xinxin Zuo, Sen Wang, Wei Ji, Xingyu Li, and Li Cheng. Generating diverse and natural 3D human motions from text. In *CVPR*, 2022.

[10] Jing Lin, Ailing Zeng, Shunlin Lu, Yuanhao Cai, Ruimao Zhang, Haoqian Wang, and Lei Zhang. Motion-X: A large-scale 3D expressive whole-body human motion dataset. In *NeurIPS*, 2023.

[11] Mikihiro Tanaka and Kent Fujiwara. Role-aware interaction generation from textual description. In *ICCV*, 2023.

[12] Debtanu Gupta, Shubh Maheshwari, Sai S. Kalakonda, and Manasvi Vaidyula. DSAG: A scalable deep framework for action-conditioned multi-actor full body motion synthesis. In *WACV*, 2023.

[13] Nat Dilokthanakul, Pedro A. M. Mediano, Marta Garnelo, Matthew C.H. Lee, Hugh Salimbeni, Kai Arulkumaran, and Murray Shanahan. Deep unsupervised clustering with gaussian mixture variational autoencoders. *arXiv preprint arXiv:1611.02648*, 2017.

[14] Han Liang, Wenqian Zhang, Wenxuan Li, Jingyi Yu, and Lan Xu. InterGen: Diffusion-based multi-human motion generation under complex interactions. *arXiv preprint arXiv:2304.05684*, 2023.

[15] Yonatan Shafir, Guy Tevet, Roy Kapon, and Amit H. Bermano. Human motion diffusion as a generative prior. *arXiv preprint arXiv:2303.01418*, 2023.

[16] Morten Kolbæk, Dong Yu, Zheng-Hua Tan, and Jesper Jensen. Multi-talker speech separation with utterance-level permutation invariant training of deep recurrent neural networks. In *TASLP*, 2017.

[17] Alexander C. Li, Mihir Prabhudesai, Shivam Duggal, Ellis Brown, and Deepak Pathak. Your diffusion model is secretly a zero-shot classifier. In *ICCV*, 2023.

[18] Jun Liu, Amir Shahroudy, Mauricio Perez, Gang Wang, Ling-Yu Duan, and Alex C. Kot. NTU RGB+D 120: A large-scale benchmark for 3D human activity understanding. In *TPAMI*, 2020.

[19] Martin Heusel, Hubert Ramsauer, Thomas Unterthiner, and Bernhard Nessler. GANs trained by a two time-scale update rule converge to a local nash equilibrium. In *NeurIPS*, 2017.

[20] Ye Yuan, Jiaming Song, Umar Iqbal, Arash Vahdat, and Jan Kautz. PhysDiff: Physics-guided human motion diffusion model. In *ICCV*, 2023.

[21] Sirui Xu, Zhengyuan Li, Yu-Xiong Wang, and Liang-Yan Gui. InterDiff: Generating 3D human-object interactions with physics-informed diffusion. In *ICCV*, 2023.

[22] Zan Wang, Yixin Chen, Tengyu Liu, Yixin Zhu, Wei Liang, and Siyuan Hua. HUMANISE: Language-conditioned human motion generation in 3D scenes. In *NeurIPS*, 2022.

たなか みきひろ（LINE ヤフー株式会社）

ニュウモン 自己教師あり学習による事前学習
人によるアノテーションなしで汎用的な特徴表現を獲得！

■岡本直樹

深層学習を用いたモデルを成功させるには，解きたいタスクに関する大量の学習データを要することが一般的である。しかし，このようなデータを大量に収集することはコストが高く，またデータの収集自体が困難な場合も往々にしてある。加えて，対象タスクのデータで学習されたモデルは，他のタスクには転用できない場合も多く，汎用性に欠ける。現在，このような状況を打破する有望な方法の１つが，本稿で紹介する自己教師あり学習である。

自己教師あり学習では，入力データから自動（タダ）で正解ラベルを生成可能なプレテキストタスクを設計し，教師あり学習の枠組みでモデルを事前学習する[1]。たとえば，画像の局所領域をマスクし，マスクされた領域を復元するタスクや，動画像の過去のフレームから未来のフレームを予測するタスクなどがプレテキストタスクとして挙げられる。自己教師あり学習は，プレテキストタスクにより，さまざまな下流タスクに有効な汎用的な特徴量の獲得を目的とする。これまでにさまざまな自己教師あり学習手法が提案されており，中でも対照学習に基づく手法が ImageNet-1K を用いた教師あり学習による事前学習と同程度以上の学習効果を発揮して以降，盛んに研究されている。また，Vision Transformer の台頭以降は，Vision Transformer の構造に合わせた自己教師あり学習も研究されており，代表的な手法として Masked Image Modeling（MIM）が挙げられる。本稿では，まず自己教師あり学習の概要と代表的な評価方法について紹介し，その後に対照学習と Masked Image Modeling 以降の手法に焦点を当てた解説を行う。

1　自己教師あり学習とは

自己教師あり学習（Self-Supervised Learning; SSL）[2]は，入力データから自動で正解ラベルを生成可能なプレテキストタスクにより，ラベルなしデータを用いてモデルを事前学習する。自己教師あり学習では，事前学習のためにアノテーション[3]が必要ないことと，クラス分類や物体検出といった特定のタスクの学習を行わないことから，ラベル付きデータを用いた教師あり事前学習と比

[1] 事前学習ではなく，シーンフロー推定などのタスクの学習を目的とした自己教師あり学習もある。本稿では，事前学習を目的とした自己教師あり学習に焦点を絞って解説を行う。

[2] ラベル付きデータとラベルなしデータの両方を使用する半教師あり学習（semi-supervised learning）も SSL と略されることに注意が必要である。

[3] アノテーションは，データへ正解情報を付与することを意味する。

べて，コスト削減に加えて，さまざまなタスクにおいて有効な汎用的な特徴量の獲得が期待できる。自己教師あり学習において，転移学習やファインチューニング先のタスクは，下流タスク（Downstream Task）と呼ぶ。本節では，プレテキストタスクの変遷と自己教師あり学習手法の評価方法について解説する。

1.1 プレテキストタスクの変遷

自己教師あり学習は，プレテキストタスクを通じてさまざまな下流タスクに有効な特徴量を獲得することを目的としている。ここでは，プレテキストタスクと特徴量の獲得の関係を，Predicting Image Rotations [1] で提案されたプレテキストタスクを例に紹介する。

Predicting Image Rotations は，入力画像の回転を予測するプレテキストタスクである。Predicting Image Rotations のプレテキストタスクを図 1 に示す。Predicting Image Rotations では，入力画像に対して 0 度，90 度，180 度，270 度のいずれかの回転を行うデータ拡張を適用し，どの角度の回転が適用されたのかを分類する 4 クラス分類タスクにより事前学習を行う。回転角度を予測するためには，位置，姿勢，種類などの物体の概念を捉える必要があり，このプレテキストタスクの学習により，下流タスクに有効な特徴量を獲得することができる。また，正解ラベルは入力画像へ適用したデータ拡張の情報から自動で作成できる。そのため，人手によるアノテーションが必要なく，ラベルなしデータのみを用いて画像内の物体に関する特徴を捉えることが可能である。

このようなプレテキストタスクは，Predicting Image Rotations のほかにもさまざまな手法が提案されている。プレテキストタスクの進展を図 2 に示す。2019 年頃までは，カラー画像をグレースケール化して色情報を予測する Colorization [2]，画像をタイル状に分割しシャッフルしてシャッフル順のインデックスを予測する Jigsaw [3]，タイル状に分割したパッチ間の相対位置を予測する Context Prediction [4]，タイル状に分割したパッチの特徴量から k 個離れたパッチの特徴量を予測する CPC (Contrastive Predictive Coding) [5]，画像数をクラス数と捉えてクラス分類する Instance Discrimination [6] などのさまざまなプレテキストタスクが提案された。その後，**対照学習** [7] が提案され，教師あり事前学習と同程度以上の学習効果が示されて以降 [8,9]，対照学習に基づく方法が数多く提案された。また，ViT (Vision Transformer) [10] の台頭以降は，自然言語処理分野で提案された BERT (Bidirectional Encoder Representations from Transformers) [11] を画像へ応用し ViT の構造に合わせた **MIM** (Masked Image Modeling) [12, 13, 14, 15] が提案され，現在に至るまで盛んに研究が行われている。対照学習は 2 節，MIM は 3 節で詳しく解説を行う。

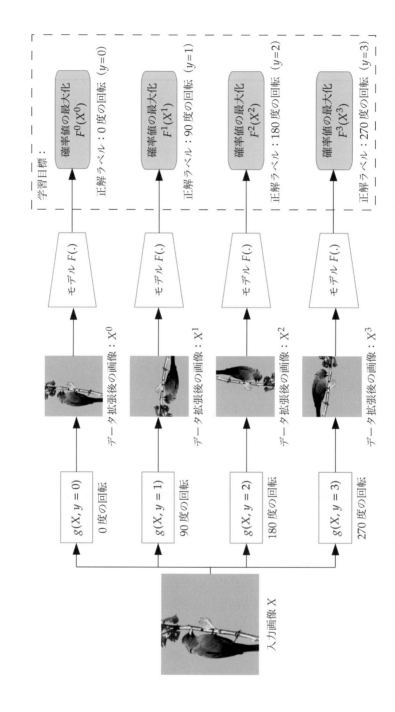

図 1 入力画像に適用された回転を予測するプレテキストタスク。回転を予測するには位置、姿勢、種類などの物体の概念を捉える必要があるため、学習により下流タスクに有効な特徴量を獲得できる。(図は [1] より引用)

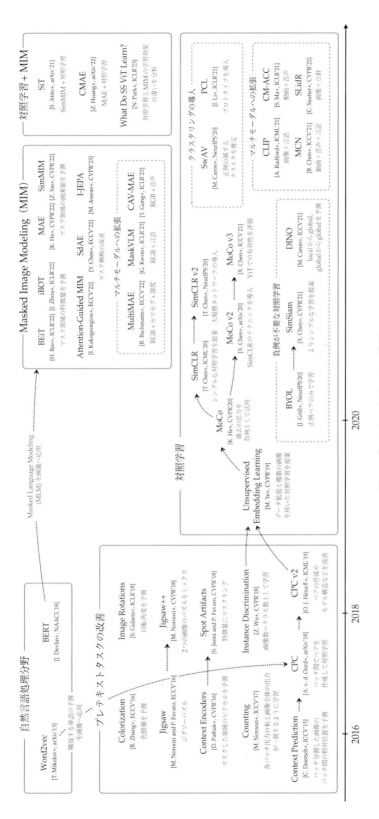

図 2 プレテキストタスクの進展

　自己教師あり学習は，さまざまな下流タスクに有効な特徴量を抽出すること
を目的としているため，プレテキストタスクに対する性能は必ずしも重要では
ない。また，獲得した特徴表現の定量的な評価は，特徴表現と下流タスクの関
係性が明らかになっていないため困難である。そこで，自己教師あり学習では，
ラベル付きデータを用いて下流タスクについて追加の教師あり学習を行い，下流
タスクのテストデータに対する性能から自己教師あり学習により獲得した特徴
表現を間接的に評価する。代表的な評価方法として，線形評価，k-NN 法，ファ
インチューニングがある。

　自己教師あり学習と各評価方法におけるモデル構造を図3 に示す。自己教師
あり学習を行う際は，ResNet [16] や ViT などの学習対象のモデルから出力層
を削除し，自己教師あり学習の手法によっては自己教師あり学習のための層を
追加して学習を行う。自己教師あり学習では，学習対象のモデルから出力層を
取り除いたモデルを**エンコーダ**と呼ぶ。各評価では，自己教師あり学習をした
エンコーダのみを使用し，線形評価と k-NN 法はエンコーダが獲得した特徴表
現を，ファインチューニングはさまざまな下流タスクへの転移性を評価する。

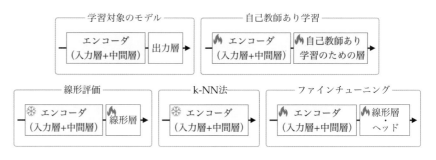

図 3　自己教師あり学習と各評価方法におけるモデル構造。氷マークはパラメー
　　　タを固定し，炎マークはパラメータを学習により更新することを表す。線形評
　　　価と k-NN 法はエンコーダの特徴表現を評価し，ファインチューニングは下流
　　　タスクへの転移性を評価する。

線形評価

4) 論文間で表記が統一されてお
らず，英語では Linear prob-
ing, Linear evaluation, Lin-
ear classification と書かれる
ことが多い。

　線形評価[4] は，エンコーダに 1 層の線形層を追加し，教師あり学習によって線
形層のみをパラメータ更新する。エンコーダのパラメータは固定するため，自
己教師あり学習によりエンコーダが良い特徴表現を獲得できていないと，高い性
能が発揮できない。そのため，線形評価の性能から間接的に自己教師あり学習
で獲得した特徴表現を評価しているといえる。一方で，自己教師あり学習の手
法によって，性能が高くなる教師あり学習の学習条件が異なることが知られてお
り [17, 18]，教師あり学習のハイパーパラメータの設定には注意が必要である。

k-NN 法による評価

k-NN 法による評価は，学習データとテストデータに対するエンコーダの出力，学習データの正解ラベルを用いて k-NN 法によりテストデータの推論を行う。線形評価と比べて，設定するべきハイパーパラメータが少ないため，ハイパーパラメータによる性能への影響が少ない。また，線形評価と同様に自己教師あり学習のみを行ったエンコーダの出力を用いて評価を行うため，性能から間接的に自己教師あり学習で獲得した特徴表現の評価が可能である。

ファインチューニングによる評価

ファインチューニングは，エンコーダに下流タスクに応じた出力層を追加し，エンコーダと出力層を教師あり学習によりパラメータ更新する。Many-shot クラス分類，Few-shot クラス分類，物体検出，セグメンテーションなど幅広い下流タスクで評価が行われ，さまざまな下流タスクへの転移性の評価が行われる。

2　対照学習

対照学習（Contrastive Learning）は，ミニバッチ内において似たデータと異なるデータを識別するプレテキストタスクの学習方法である。ミニバッチ数を 2 とした場合の対照学習を図 4 に示す。対照学習では，ミニバッチ内の各データに対してデータ拡張を適用し，異なる 2 つのデータを作成する。このとき，ある 1 つのデータを基準とした際に，同じデータから作成したデータを正例，異なる

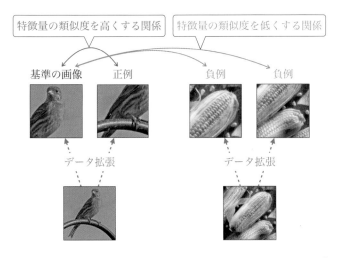

図 4　ミニバッチ数を 2 としたときの対照学習の学習方法。ミニバッチ内の各データからデータ拡張により異なる 2 つのデータを作成する。1 つのデータを基準とした際に同じデータから作成したデータを正例，異なるデータから作成したデータを負例と呼び，正例と負例を区別できるように学習を行う。

データから作成したデータを負例と呼ぶ．対照学習では，正例から抽出した特徴量との類似度が高く，負例から抽出した特徴量との類似度が低くなるように学習を行う．正例との類似度を高くするためにはデータ拡張に対する不変性を獲得する必要があり，負例との類似度を低くするためには各画像特有の特徴量を抽出する必要があるので，対照学習により下流タスクに有効な特徴量を獲得することができる．対照学習の代表的な手法として SimCLR（Simple Framework for Contrastive Learning of Visual Representations）[9] がある．

2.1 代表的な手法：SimCLR

SimCLR [9] は，特殊なモデル構造やテクニックが不要なシンプルな方法でありながらも，優れた性能を示したことで，後続の対照学習の基盤を築いた．ここでは，SimCLR についてデータ拡張，モデル構造，損失関数，学習条件の 4 つの観点から解説を行う．

データ拡張

SimCLR をはじめとする多くの対照学習手法は，データ拡張により正例および負例ペアを作成する．つまり，獲得される特徴表現の良し悪しは適用するデータ拡張の種類に影響されるため，データ拡張の選定は重要となる．SimCLR の文献で示された 2 つのデータ拡張の組み合わせ方が線形評価に与える影響を図 5 に示す．縦軸は 1 つ目，横軸は 2 つ目のデータ拡張を表し，数値と色は

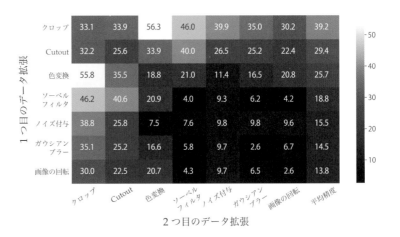

図 5　自己教師あり学習時のデータ拡張の組み合わせによる線形評価の性能変化．縦軸は 1 つ目，横軸は 2 つ目のデータ拡張を表し，数値と色は ImageNet-1K に対する線形評価の精度を表す．対照学習は適用するデータ拡張により精度が大きく変化するため，データ拡張の選定が重要となる．（図は [9] より引用）

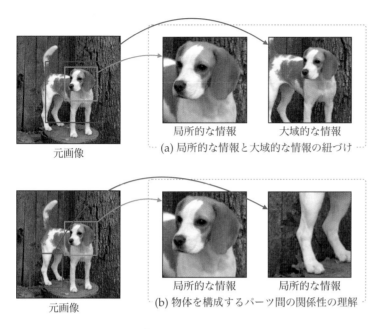

局所的な情報　　　　　　大域的な情報

(a) 局所的な情報と大域的な情報の紐づけ

元画像

局所的な情報　　　　　　局所的な情報

(b) 物体を構成するパーツ間の関係性の理解

元画像

図 6　ランダムクロップにより行われる学習

ImageNet-1K に対する線形評価の精度を表している．ランダムクロップと色変換を適用した場合に最も高い性能となり，それらを使用しない場合は大きく性能が低下することがわかる．

　ランダムクロップは，文字どおりランダムに画像を切り出すため，図 6 に示すように，さまざまな画像領域を切り出したパッチ画像によって正例および負例ペアが構築される．それらのパッチどうしを正しく対応付けるためには，画像の包括的な理解が必要となる．たとえば，図 6 (a) の例は正例ペアの 2 つのパッチを示しており，これらを正しく対応付けるためには，画像内の（もしくは物体における）大域的な情報と局所的な情報の紐づけが必要となる．また，図 6 (b) の例では，物体を構成するパーツ間の関係性を理解する必要がある．

　一方で，ランダムクロップで切り出されたパッチたちは，類似した色情報をもつ可能性が高いため，正例と負例の区別が色情報だけで容易にできる．そこで，色変換とランダムクロップを組み合わせると，色情報にのみ着目する短絡的な学習を防ぐことができ，結果として良い特徴表現を得ることに繋がる．

モデル構造

　SimCLR のモデル構造と学習方法を図 7 に示す．SimCLR では，学習対象のモデルから出力層を取り除いたエンコーダに，2 層構造の MLP（Multi-Layer Perceptron）を追加して学習を行う．この MLP は射影ヘッドと呼ばれ，エン

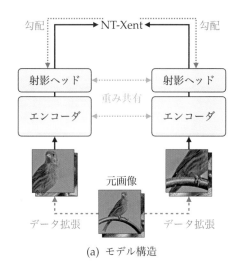

(a) モデル構造

特徴量の類似度を高くする学習　　特徴量の類似度を低くする学習

基準の画像　　　正例　　　　　　負例　　　　　　負例

データ拡張　　　　　　　　　　データ拡張

(b) 学習方法

図 7　SimCLR のモデル構造と学習方法

コーダの出力を入力として d 次元の特徴ベクトルを出力する。後述する損失関数では，この射影ヘッドの出力が使用される。

　SimCLR の文献では，射影ヘッドを使用しない場合，線形評価の性能が約 10 ポイント低下することが示されている。これは，射影ヘッドを用いなかった場合，エンコーダがプレテキストタスクを解くことにある程度特化して最適化されるため，出力ベクトルが汎用性の欠けた特徴表現になってしまうことが原因である。そこで，射影ヘッドを導入することでこの影響を低減し，下流タスクに転用する際は，エンコーダの出力を用いることで優れた性能を発揮する。

損失関数

SimCLR の損失関数である正規化温度付き交差エントロピー損失（Normalized Temperature-Scaled Cross-Entropy; NT-Xent）を式 (1)，NT-Xent の概要を図 8 に示す。

$$L_{i,j} = -\log \frac{\exp(\mathrm{sim}(z_i, z_j)/\tau)}{\sum_{k=1}^{2N} \mathbb{1}_{[k \neq i]} \exp(\mathrm{sim}(z_i, z_k)/\tau)} \tag{1}$$

ここで，z は射影ヘッドが出力した特徴ベクトル，$\mathrm{sim}(\cdot, \cdot)$ は 2 つの特徴ベクトル間のコサイン類似度，τ は温度パラメータ，N はミニバッチ数，$\mathbb{1}_{[k \neq i]}$ は指示関数を表す。指示関数は，$k \neq i$ を満たす場合に 1，満たさない場合に 0 を重み付けする。また，$L_{i,j}$ は特徴ベクトル z_i を基準とした場合の損失であり，z_i と z_j は正例ペアである。NT-Xent は，特徴ベクトル z_i を基準としてミニバッチ内の他の特徴ベクトルとの類似度関係を確率分布で表現し，正例ペアの類似度に当たるクラススコアを 1 としたワンホットラベル[5]との交差エントロピー損失を意味している。

このとき，ソフトマックス関数に温度パラメータを導入した温度付きソフトマックス関数 [19][6] を使用し，確率分布の調整を行う。温度パラメータを 1 に設定した場合は通常のソフトマックス関数であり，通常のソフトマックス関数と比べて温度パラメータが 1 を超える場合はエントロピーが低く，温度パラメータが 1 未満の場合はエントロピーが高くなるように確率分布が調整される[7]。SimCLR の文献では，温度パラメータを適切な値に設定しないと線形評価の性能が低下することが示され，0.1 を設定した場合が最も高い性能となった。

学習条件

SimCLR の文献では，ミニバッチ数，エポック数，モデルサイズを大きくすると，対照学習の効果がより高くなることが示されている。

図 9 (a) に，自己教師あり学習時のミニバッチ数とエポック数による線形評価の性能変化を示す。ミニバッチ数とエポック数が大きいほど高い性能となる。ミニバッチ数を大きくすると一度の損失計算で比較する負例の数が多くなり，エポック数を大きくすると学習中に比較する負例ペアの組み合わせが多くなる。そのため，負例に起因する性能向上であると考えられている。

図 9 (b) に，モデルサイズによる ImageNet-1K に対する線形評価における性能変化を示す。緑色のばつ印は 90 エポックの教師あり学習，赤色の星印は 1,000 エポックの SimCLR の学習，青色の丸印は 100 エポックの SimCLR の学習を行ったモデルの性能を表す。モデルサイズが大きいほど，教師あり学習と SimCLR の性能差が小さくなる。そのため，モデルサイズが大きいほど高い事前学習効果を発揮する。

[5] ワンホットラベルは，ある 1 つのクラスの確率値が 1，他のクラスの確率値が 0 の確率分布である。

[6] 温度付きソフトマックス関数は，モデルの知識を別のモデルへ転移することでモデル圧縮を行う知識蒸留において提案された。モデルの知識は，パラメータ τ を調整して抽出することから，混合液体の分離などに用いられる蒸留のような操作といえ，τ は蒸留に因んで温度と呼ばれる。

[7] 温度パラメータは，logits の値を大きく，または小さくするだけだが，ソフトマックス関数内の指数関数の性質により，指数関数を適用後の結果が大きく変化するのに伴い，確率分布の確率値の大きさが変化する。

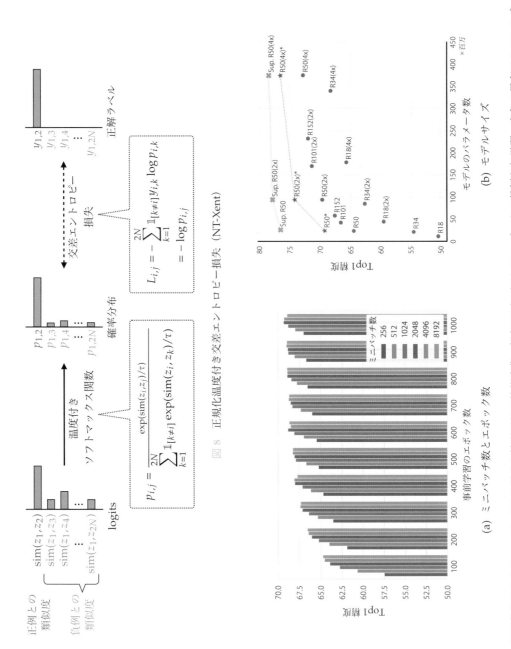

図 8　正規化温度付き交差エントロピー損失（NT-Xent）

(a) ミニバッチ数とエポック数

(b) モデルサイズ

図 9　学習条件による ImageNet-1K に対する線形評価部の性能変化。緑色のぽつ印は 90 エポックの教師あり学習、赤色の星印は 1,000 エポックの SimCLR の学習、青色の丸印は 100 エポック の SimCLR の学習を行ったモデルの性能を表す。（図は [9] より引用）

SimCLR のまとめ

SimCLR で示された知見をまとめると，以下のとおりとなる。

- ランダムクロップにより作成されたパッチどうしを正しく対応付けようとすることで，画像の包括的な理解が促される[8]。
- ランダムクロップで切り出されたパッチたちは，類似した色情報をもつ可能性が高いため，ランダムクロップと色変換を組み合わせることで，色情報にのみ着目する局所解に陥ることを防ぐことができる。
- 射影ヘッドを導入することで，エンコーダの出力が対照学習に特化した特徴表現となることを防ぐことができる。
- ミニバッチ数，エポック数，モデルサイズを大きくすることで，高い事前学習効果を発揮できる。

これらの知見をもとに，SimCLR 以降の手法では，ランダムクロップと色変換を組み合わせたデータ拡張，射影ヘッドの導入，大きなエポック数とミニバッチ数が標準的な設定として使用されている[9]。

2.2 対照学習の派生手法

本項では，対照学習の性能向上や計算コスト削減のために導入された代表的な方法について，目的別に紹介する[10]。

正例数・負例数の増加

前述したとおり，対照学習はランダムクロップにより作成されたパッチどうしを正しく対応付けることで，画像の包括的な理解を促す。そこで，SwAV [20] は，ミニバッチ内の各データからデータ拡張により 3 つ以上のデータを作成することで，より多くの正例および負例を作成する方法を導入した。しかし，データ拡張後のサンプル数に応じて特徴抽出のコストが増加することから，1 枚の画像から作成する 3 サンプル目以降の画像は小さい画像サイズとするマルチクロップ戦略[11] を提案し，コスト増加を抑えつつ，正例および負例の数を増やした。

負例数の増加

SimCLR において，ミニバッチ数やエポック数を増やすことで，下流タスクにおいて高い精度を達成できることが示された。前述したとおり，ミニバッチ数やエポック数を増やすことは，一度に比較する負例の数や学習中に比較する負例ペアの組み合わせ数を増やすことを意味する。しかし，負例の数を増やすためにミニバッチ数やエポック数を大きく設定すると，1 回の特徴抽出のコスト

[8] 多くの手法において，事前学習のデータセットとして ImageNet-1K を使用することから，暗黙的に 1 枚の画像に 1 つの物体が支配的に写っているという仮定に基づいていることに注意が必要である。

[9] 射影ヘッドの層数や射影ヘッドが出力する特徴ベクトルの次元数などの細かな設定は，手法により異なることが多い。

[10] ページ数の都合上，従来法と異なる技術に焦点を当てた簡単な紹介のみを行う。

[11] ImageNet-1K を使用する場合，画像サイズを 1 サンプル目と 2 サンプル目は 224×224，3 サンプル目以降は 96×96 とする。

や学習時間が増加する。そこで，MoCo（<u>Mo</u>mentum <u>Co</u>ntrast）[8] 12) は，抽出したミニバッチの特徴ベクトルを辞書に保存し，次のイテレーション以降の損失計算時に負例として再利用することで，負例の数を増やした。辞書に保存した特徴ベクトルの数が一定数以上になった場合は，保存したタイミングが最も古い特徴ベクトルから順に削除し，新しい特徴ベクトルを辞書に追加する。しかし，辞書の中に過去の異なるイテレーションで抽出した特徴ベクトルが混在する形になるため，負例として再利用する際に辞書内の特徴ベクトル間の特徴表現に大きなバラツキが生じ，学習が不安定になる可能性がある。そこで，MoCo はパラメータの変化が小さいモメンタムエンコーダを導入し，モメンタムエンコーダの出力のみを辞書に保存することで辞書内の特徴表現に一貫性をもたせ，不安定な学習になることを防いだ。

モメンタムエンコーダは，エンコーダと同じ構造，同じ初期値のモデルであり，指数移動平均に基づいてパラメータ更新を行う。モメンタムエンコーダのパラメータ更新を式 (2) に示す。

$$\theta_m \leftarrow \lambda \theta_m + (1 - \lambda)\theta_e \tag{2}$$

ここで，θ_m はモメンタムエンコーダの重みパラメータ，θ_e はエンコーダの重みパラメータ，λ はモメンタムエンコーダのパラメータ更新量を決めるハイパーパラメータであり，λ には 0.999 という大きな値が設定される。λ の値が大きいため，モメンタムエンコーダはエンコーダと比べて重みパラメータの変化が小さくなり，辞書内の負例の特徴表現に一貫性をもたせることが可能となる 13)。

正例・負例ペア作成の改善

対照学習は，ミニバッチ内の画像に対してデータ拡張を適用することで，正例と負例を用意する。そのため，ミニバッチ内に同じ物体カテゴリだが異なる画像が含まれていた場合，同じカテゴリにもかかわらず負例となり，特徴ベクトルの類似度を低くする学習を行うこととなる。そこで，特徴空間上で正例と類似度が最も高い負例を正例として利用する対照学習 [23, 24] が提案され，文献 [23] において，MoCo v2 と比べて ImageNet-1K に対する線形評価の性能が約 4 ポイント向上することが示されている 14)。また，特徴空間上で各サンプルのクラスタリングを行い，その結果をもとにした対照学習も提案されている [20, 25, 26]。

大規模モデルの利用

SimCLR においてパラメータ数が大きいモデルほど高い事前学習効果を発揮することが示されているが，パラメータ数が大きいモデルは下流タスクへ転用し推論を行う際に，計算コストが限られたエッジデバイスなどの環境で使用す

ることが困難となる。そこで，SimCLR v2 [27] は，まず大規模なモデルで対照
学習を行い，その後に大規模モデルを下流タスク上でファインチューニングし，
そして最後に大規模モデルの出力を擬似ラベルとして小規模モデルを学習させ
る知識蒸留 [19] によりモデル圧縮を行うという，3 段階の最適化方法を提案し
た。SimCLR v2 の文献では，大規模モデルとしてチャンネル数を 3 倍にした
ResNet-152，小規模モデルとして ResNet-50 を使用し，ImageNet-1K の 1% の
学習データのみを用いたファインチューニングにおいて，SimCLR で学習した
ResNet-50 と比べて性能が約 25 ポイント向上したことが示されている[15]。

負例が不要な対照学習

　対照学習は，正例との類似度を高める学習により画像の包括的な理解が促進
される。そのため，負例を考慮せずに学習が可能となると，画像の包括的な理
解を促進しつつ，損失計算のコストを低減できる。しかし，負例を考慮しない
場合，正例との類似度を高めるだけで損失が収束しうるため，どんな画像に対
しても同じ特徴ベクトルを出力する，特徴表現の崩壊（collapse）と呼ばれる局
所解に陥る[16]。そこで，BYOL（Bootstrap Your Own Latent）[29] と SimSiam
（Simple Siamese）[30] は，特徴量から正例ペアの特徴量を予測するプレテキス
トタスクを提案し，負例の考慮なしでも局所解に陥らないことを示した[17]。こ
こでは，シンプルな学習法である SimSiam を紹介する。

[16] 特徴ベクトルの一部の次元
だけが崩壊する次元の崩壊（di-
mensional collapse）[28] も存
在する。

[17] 負例が不要な対照学習は，
論文によって negative-free
methods，only similarity な
どさまざまな名称で表記され
るため，注意が必要である。

　SimSiam のモデル構造と学習方法を図 10 に示す。SimSiam では，エンコー
ダと射影ヘッドに加えて，予測ヘッドと呼ばれる MLP を追加する。特徴抽出
時は，2 つある正例のうち，一方はエンコーダ，射影ヘッド，予測ヘッドにより
特徴抽出が行われ，他方はエンコーダと射影ヘッドにより特徴抽出が行われる。
損失計算時は，この 2 つの特徴量間の負のコサイン類似度を計算する[18]。画像
x_1 と x_2 を正例ペアとした場合の SimSiam の損失関数を式 (3) に示す。

[18] L2 正規化を適用した 2 つ
の特徴ベクトル間の MSE と
同義であり，式を整えると負
のコサイン類似度となる。

$$L = -\frac{1}{2}\mathrm{sim}(p_1, \mathrm{stopgrad}(z_2)) - \frac{1}{2}\mathrm{sim}(p_2, \mathrm{stopgrad}(z_1)) \qquad (3)$$

ここで，$\mathrm{sim}(\cdot,\cdot)$ はコサイン類似度，$\mathrm{stopgrad}(\cdot)$ は勾配停止処理[19]，z_1 と z_2 は
画像 x_1 と x_2 に対する射影ヘッドの出力ベクトル，p_1 と p_2 は画像 x_1 と x_2 に対
する予測ヘッドの出力ベクトルである。この特徴抽出と損失計算は，射影ヘッ
ドの特徴空間において特徴ベクトルから予測ヘッドにより正例の特徴ベクトル
を予測する学習を意味する。そのため，エンコーダと射影ヘッドにより抽出し
た特徴ベクトルは正解ラベルの役割，エンコーダ，射影ヘッド，予測ヘッドに
より抽出した特徴ベクトルは予測出力の役割，勾配停止処理は正解ラベルを予
測出力へ近づけるパラメータ更新を防ぐ役割を担っているといえる。

　ではなぜ，負例が不要な対照学習は崩壊に陥らないのだろうか。負例が不要

[19] 勾配停止処理は，誤差逆伝
播時に勾配停止処理を設定し
た特徴量や確率分布を出力す
る層への勾配の伝播を停止す
る処理である。勾配の伝播が
停止するため，その層より前
の層への伝播も停止すること
になり，特定の勾配に関する
パラメータ更新を防ぐ（停止
する）ことができる。

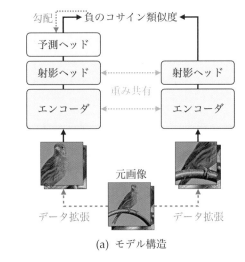

(a) モデル構造

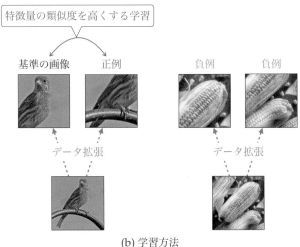

(b) 学習方法

図 10　SimSiam のモデル構造と学習方法

な対照学習の登場以降，さまざまな観点から分析や議論が行われたが，崩壊が起きない原因は依然として明らかになっていない [31, 32, 33, 34, 35]。SimSiam の文献では，正例ペアの非対称な特徴抽出と勾配停止処理の少なくともどちらか 1 つを適用しないと崩壊が起こることが示されており，崩壊を防ぐためには正例ペアの非対称な特徴抽出と勾配停止処理を組み合わせることが重要であると考えられている。

ViT で効果的な負例が不要な対照学習

　負例が不要な対照学習の中でも ViT に対して高い学習効果を発揮する手法として，DINO（Self-Distillation with No Labels）[18] がある。DINO は重みパ

ラメータのアンサンブルによる特徴表現の改善を目的として指数移動平均でパ
ラメータ更新を行うモデルを導入し，負例が不要な対照学習を行う。DINO の
モデル構造と学習方法を図 11 に示す。ViT は，クラストークンと各パッチトー
クンの複数の特徴ベクトルを出力する。そこで，DINO ではクラストークンを
画像全体の特徴量とし，射影ヘッドの入力として使用する。また，DINO は予
測ヘッドを使用する代わりに，正解ラベルの役割をもつ特徴ベクトルに対して
センタリング処理とシャープニング処理を適用する。

センタリング処理は，抽出した特徴ベクトルに対して，学習中にミニバッチ
の平均特徴ベクトルを指数移動平均で蓄積したセンターベクトル[20]で減算する

20) 初期値は，ゼロベクトルが
使用される。

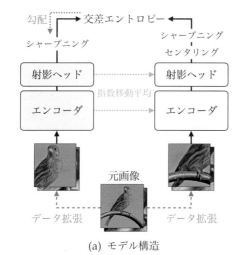

(a) モデル構造

(b) 学習方法

図 11　DINO のモデル構造と学習方法

処理である。これにより，さまざまなデータから共通して抽出される特徴量が考慮されなくなるため，すべての画像に対して同じ特徴量を強調するような崩壊を防ぐことができる。シャープニング処理は，温度パラメータを 1 未満に設定した温度付きソフトマックス関数により特徴ベクトル内の 1 つの特徴量を強調する調整を行う。これにより，特徴ベクトルが一様分布のような形へ崩壊することを防ぐことができる。また，SwAV で提案されたマルチクロップ戦略を用いて大域的な領域と局所的な領域のランダムクロップを行い，大域的な情報を含んだ画像から抽出した特徴ベクトルのみを正解ラベルとして使用することで，大域的な情報から大域的な情報，局所的な情報から大域的な情報を紐づける学習を設計している。

DINO で学習した ViT の自己注意の可視化結果を図 12 に示す[21]。この結果からわかるように，物体カテゴリに関するラベル情報を用いずとも，正確に物体領域を捉えていることがわかる。

図 12　アテンションの可視化（図は [18] より引用）

マルチモーダルへの拡張

マルチモーダルのデータセットでは，異なるモーダルの情報のペアとして，1 つのデータが定義される。たとえば画像と言語の場合は，画像と画像内の状況を説明するテキスト（キャプション）のペア，画像と点群の場合は，画角と時刻が同一の運転シーンなどである。これらのデータセット内で定義されたペアを正例ペアとすることで，マルチモーダルにも対照学習を容易に適用することができる。マルチモーダル対照学習は，マルチモーダルな正例ペアごとに一対一の対応付けを行うことで，異なるモーダル間の意味的な関係や相関を捉える学習である。ここでは，さまざまな問題設定で学習済みモデルの活用が行われている CLIP（Contrastive Language-Image Pre-Training）[36] を紹介する。

CLIP は，シンプルな方法で画像と言語のアライメントを行う対照学習と，CLIP の学習により関連付けた画像と言語の対応関係から追加の教師あり学習を必要とせずにクラス分類を行う Zero-shot クラス分類を提案した手法である。CLIP で関連付けられた画像と言語の対応関係は，生成モデル [37]，オープンボ

[21] ViT の最終層のマルチヘッド注意機構において，各ヘッドのクラストークンとの注意重みを可視化し，前景に着目しているヘッドの注意重みをまとめた図である。

キャブラリーセグメンテーション [38]，クラス分類のエラー分析 [39] など，さまざまな問題設定で活用されている。

CLIP における対照学習と Zero-shot クラス分類の仕組みを図 13 に示す。CLIP では，図 13 (a) に示すように，言語エンコーダと画像エンコーダを用意し，テキストは言語エンコーダ，画像は画像エンコーダにより特徴抽出を行う。その後，抽出した特徴ベクトルを用いて画像とテキスト間で類似度計算を行い，対照学習を行う。CLIP における対照学習の損失関数を式 (4)〜(6) に示す。

(a) 対照学習

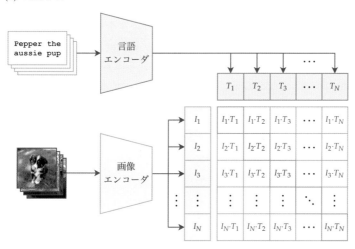

(b) クラス名とテンプレートによるテキストから特徴量を抽出

(c) Zero-shot クラス分類

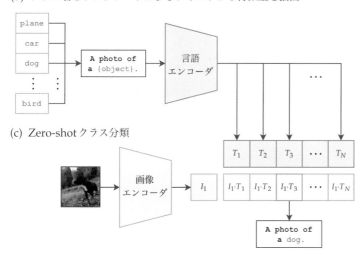

図 13　CLIP の学習方法と活用方法。(a) CLIP の学習方法，(b), (c) Zero-shot クラス分類。（図は [36] より引用）

$$L_i^I = -\log \frac{\exp(\text{sim}(I_i, T_i)/\tau)}{\sum_{k=1}^{N} \exp(\text{sim}(I_i, T_k)/\tau)} \tag{4}$$

$$L_i^T = -\log \frac{\exp(\text{sim}(T_i, I_i)/\tau)}{\sum_{k=1}^{N} \exp(\text{sim}(T_i, I_k)/\tau)} \tag{5}$$

$$L = \frac{1}{2} \sum_{i=1}^{N} (L_i^I + L_i^T) \tag{6}$$

ここで，I は画像エンコーダの出力ベクトル，T は言語エンコーダの出力ベクトル，N はミニバッチ数，τ は温度パラメータであり，I_i と T_i はデータセットで定義されたマルチモーダルの正例ペアである。CLIP では，画像の特徴ベクトルを基準とした損失と，テキストの特徴ベクトルを基準とした損失を計算し，正例ペアの画像とテキスト間の特徴ベクトルの類似度が高くなるように，また，ミニバッチ内における他の画像とテキストのペアを負例として特徴ベクトルの類似度が低くなるように学習を行う。これにより，画像とテキストの関連付けが行われる。

Zero-shot クラス分類では，まず推論したい画像に加え，クラス名と "A photo of a {object}" といったテキストのテンプレートを用意する。次に，用意したテンプレートの "{object}" にクラス名を当てはめ，言語エンコーダに入力し特徴ベクトルを抽出する。テンプレートを用いた特徴抽出は，図 13 (b) のようにすべてのクラスで行う。その後，推論したい画像から特徴ベクトルを抽出し，図 13 (c) のように画像とテキスト間で特徴ベクトルのコサイン類似度を計算する。そして，最も画像との類似度が高いテキストに当てはめられたクラス名を推論結果とする[22]。

CLIP のようなモーダルの関連付けを行う対照学習は，さまざまなモーダルの組み合わせに容易に拡張が可能なため，画像・言語 [36, 41, 42]，画像・点群 [43]，動画・音声 [44]，動画・言語・音声 [45, 46, 47]，画像・言語・点群 [48, 49] など，さまざまな組み合わせにおいて，マルチモーダル対照学習が提案されている。

3　Masked Image Modeling（MIM）

自然言語処理分野における事前学習法として提案された BERT [11] は，トークンの一部をマスクしてトークンを予測する MLM (Masked Language Modeling) と，2 つの文章が連続する文章かを予測する NSP (Next Sentence Prediction) という 2 つのプレテキストタスクを提案し，Transformer [50] において高い事前学習効果を示した。そこで，BERT の MLM を画像へ応用することが期待されたが，マスクトークンや位置埋め込みといった Transformer 特有の機構を

[22] 画像のみを用いた自己教師あり学習 [40] において，学習後の画像エンコーダのパラメータを固定して，CLIP により学習した言語エンコーダを用意することで，画像エンコーダを Zero-shot クラス分類で評価する新たな試みも行われている。

CNN へ組み込むことが難しく，MLM を画像へ応用する際の障害となった。しかし，Transformer を画像へ応用した ViT [10] の台頭により，MLM の画像への応用が容易になり，ViT の構造に合わせた **MIM**（<u>M</u>asked <u>I</u>mage <u>M</u>odeling）[12, 13, 14, 15] が提案された。

　ViT は，CNN と並んでデファクトスタンダードになりつつあるモデルである。ViT の登場直後は，ViT への対照学習の導入 [18, 22, 51, 52] が行われたが，MIM が対照学習を超えるファインチューニング性能を発揮したことや，MIM は実装が容易であることから，現在は MIM の研究が盛んに行われている。ViT では画像をパッチ単位に分割して入力とすることから，MIM はパッチ単位でマスク処理を行い，マスクパッチの特徴量や画素値の予測を行う。マスクパッチの予測は，マスクされなかったパッチの情報をもとに行われるため，画像内の文脈情報を捉える学習が行われる。MIM の代表的な手法として MAE（<u>M</u>asked <u>A</u>uto<u>e</u>ncoders）[14] がある。

3.1　代表的な手法：MAE

　MAE [14] は，特殊なモデル構造や学習済みモデルが不要でシンプルな MIM として提案された手法であり，エンコーダ・デコーダ構造によりマスクパッチの画素値を予測する。MAE のモデル構造を図 14 に示す。ここでは，MAE をマスク戦略，エンコーダ，デコーダ，損失関数，下流タスクにおける性能の 5 つの観点から解説する。

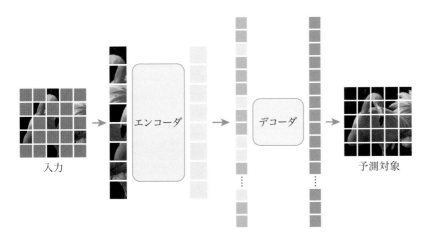

図 14　MAE のモデル構造。エンコーダ・デコーダ構造によりマスクパッチの画素値を予測する。（図は [14] より引用）

MIM は，マスクパッチの情報を予測するための学習を行うので，マスクの仕方によってマスクパッチ予測の難易度と学習で獲得する特徴表現が変化する。MAE では，マスク率とマスク戦略による性能変化について調査を行い，調査の傾向に基づいてマスク戦略が設計された。

マスク率による性能変化の調査では，パッチ単位でランダムにマスクするランダムマスク戦略が使用され，マスクするパッチの数を画像全体の 10% から 90% という広い範囲で設定して評価が行われた。マスク率による ImageNet-1K に対する性能変化を図 15 に示す。線形評価では，マスク率の上昇とともに性能が高くなり，マスク率が 75% の場合に最も高い性能となる。ファインチューニングでは，40% から 80% の場合に最も高い性能となる。これらの傾向から，MAE では，線形評価とファインチューニングの両方で高い性能を発揮する 75% のマスク率が使用される。75% のマスク率は，BERT における 15% のマスク率と比べて非常に高い。この高いマスク率は，単に線やテクスチャを拡張するだけでは予測できない問題を解くことで，物体やシーンの全体像の理解に繋がり，下流タスクで有効な特徴表現を獲得するために有効である。

マスク戦略の調査では，ランダム，ブロック，グリッドの 3 種類のマスク戦略の評価が行われた。各マスク戦略におけるマスクの適用例とマスクパッチの予測結果を図 16 に示す。ブロック単位のマスク戦略は，多くのパッチが固まって

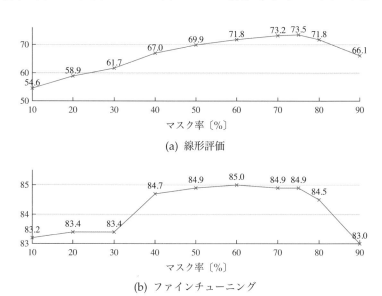

(a) 線形評価

(b) ファインチューニング

図 15　ランダムマスク戦略におけるマスク率による ImageNet-1K に対する性能変化。上段は線形評価，下段はファインチューニングによる精度を表す。（図は [14] より引用）

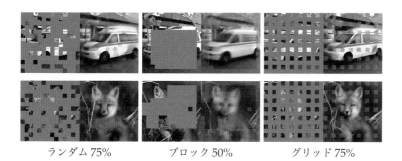

ランダム 75%　　　　　ブロック 50%　　　　　グリッド 75%

図 16　マスク戦略による予測結果の変化（図は [14] より引用）

マスクされるため，マスクパッチの予測が困難であり，予測結果がぼやけている。グリッド形式のマスク戦略は，マスクが一定間隔で行われるため，周囲の情報からマスクパッチの予測が容易になり，高品質な予測が可能である。パッチ単位でランダムにマスクするランダムマスク戦略は，ブロックとグリッドの中間的な品質の予測結果である。しかし，各マスク戦略で学習したエンコーダの ImageNet-1K に対する性能を比較すると，表 1 に示すように，線形評価とファインチューニングともにランダムマスク戦略が最も精度が高く，グリッドマスク戦略の線形評価は，低品質な予測を行うマスク率 50% のブロックマスク戦略より低い。つまり，マスクパッチに対する高品質な予測性能が，必ずしも下流タスクに有効な特徴表現の獲得に繋がるわけではない。

　これらの傾向に基づいて，MAE はランダムマスク戦略を採用し，画像全体の 75% のパッチをマスクする。

表 1　マスク戦略による ImageNet-1K に対する性能変化（各精度は [14] より引用）

マスク戦略	マスク率〔%〕	精度〔%〕	
		線形評価	ファインチューニング
ランダム	75	**73.5**	**84.9**
ブロック	50	72.3	83.9
ブロック	75	63.9	82.8
グリッド	75	66.0	84.0

エンコーダ

　エンコーダは，マスクされなかったパッチのみを入力として，入力されたパッチの特徴量を抽出する。そのため，自己教師あり学習中にエンコーダは全体の 25% のパッチについてのみ特徴抽出する形となり，特徴抽出のコストやメモリ消費量を抑えることができる。自己教師あり学習後は，エンコーダのみが下流タスクで使用される。

　デコーダは，エンコーダが抽出したパッチトークンとマスクパッチを表すマスクトークンを入力とし，各パッチの画素値を予測する。マスクトークンは，学習可能なトークンであり，すべてのマスクトークンで共通の表現が用いられる。

　下流タスクにおいてデコーダは使用されないため，デコーダとして使用するモデル構造は，エンコーダと独立していればどのような構造でも採用が可能である。MAE では，エンコーダより小さい小規模な ViT を採用している。エンコーダとデコーダがともに ViT を使用する形となるが，エンコーダとデコーダを規模が異なる ViT を採用した非対称なモデル構造とし，マスクトークンを含む画像全体の処理はモデルの規模が小さいデコーダのみで行うことで，自己教師あり学習の学習時間の短縮やコストの削減が可能になった。

損失関数

　損失関数として，デコーダが予測した画素値と入力画像の画素値間の平均 2 乗誤差（<u>M</u>ean <u>S</u>quared <u>E</u>rror; MSE）が使用される。デコーダはすべてのパッチの画素値を予測するが，損失計算は BERT と同様にマスクパッチに対してのみ行われる。

下流タスクにおける性能

　ImageNet-1K のファインチューニングにおける MAE と対照学習の性能比較を図 17 に示す。縦軸は精度，横軸はファインチューニングする際に重み更新の対象となるエンコーダの層数（ブロック数）を表している。つまり，0（左端）

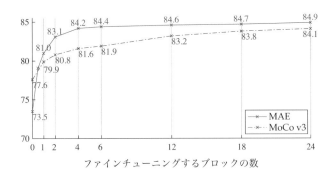

図 17　ImageNet-1K のファインチューニングにおける MAE と MoCo v3（対照学習）の性能比較。縦軸は精度，横軸はファインチューニングする際に重み更新の対象となるエンコーダの層数（ブロック数）を表す。層数が 0 の場合は出力層のみを更新し，値が大きくなるにつれて出力層から近い層を順に含めて重みを更新する。（図は [14] より引用）

の場合は出力層のみを更新し，値が大きくなるにつれて，出力層から近い層も順に含めて重みを更新する。出力層のみの更新は線形評価であり，線形評価における性能は，MAE と比べて対照学習である MoCo v3 [22] が高い性能を発揮する。一方で，エンコーダを 1 層以上ファインチューニングした場合，MoCo v3 と比べて MAE が高い性能を発揮する。

3.2　MIM の派生手法

本項では，画素値や特徴ベクトルを予測対象とした MIM や，MIM の性能向上のために導入された代表的な方法について紹介する[23]。

画素値を予測する MIM

MAE と異なるモデル構造で画素値を予測する MIM として，SimMIM (Simple Framework for Masked Image Modeling) [15] がある。SimMIM は MAE と異なり，マスクの有無にかかわらず，すべてのパッチをエンコーダに入力する。そのため，エンコーダの段階でマスクパッチとマスクしていないパッチを対応付けることができ，デコーダは 1 層の線形層のみで画素値の予測が可能になる。MAE と SimMIM は同時期に提案された手法であり，ImageNet-1K に対する ViT-B モデルのファインチューニング性能は同程度である[24]。一方で，SimMIM はエンコーダの深い層がデコーダの役割を担っていることが指摘されている [53]。

特徴ベクトルを予測する MIM

幅広い下流タスクにおいて有効な特徴表現の獲得には，形状や構造といった低レベル情報だけではなく，高レベルの意味的な情報を捉えることが必要である。しかし，高レベルな意味的情報を画素値の予測から捉えることは難しい。そこで，生成モデルや CLIP の画像エンコーダの出力を予測対象とした MIM が提案されている。ここで，予測対象を出力するモデルをトークナイザーと呼ぶ。

BEiT (Bidirectional Encoder representation from Image Transformers) [12] は，dVAE (discrete Variational Autoencoder) のエンコーダをトークナイザーとする MIM である。BEiT のモデル構造と学習方法を図 18 に示す。BEiT では，マスクパッチとマスクしていないパッチを入力としてエンコーダで特徴抽出を行い，1 層の線形層によりマスクパッチの視覚トークンを予測する。dVAE のエンコーダは離散的な潜在ベクトルを出力とするモデルであり，マスクしていない画像に対する出力を視覚トークンとして利用する。

一方で，EVA (Exploring the Limits of Masked Visual Representation Learning at Scale) [54] は，CLIP [36] で学習した画像エンコーダをトークナイザー

23) ページ数の都合上，従来法と異なる技術に焦点を当てた簡単な紹介のみを行う。

24) ImageNet-1K を用いたファインチューニングにおいて，MAE で学習した ViT-B の精度は 83.6%，SimMIM で学習した ViT-B は 83.8% である（MAE の性能は [14]，SimMIM の性能は [15] より引用）。

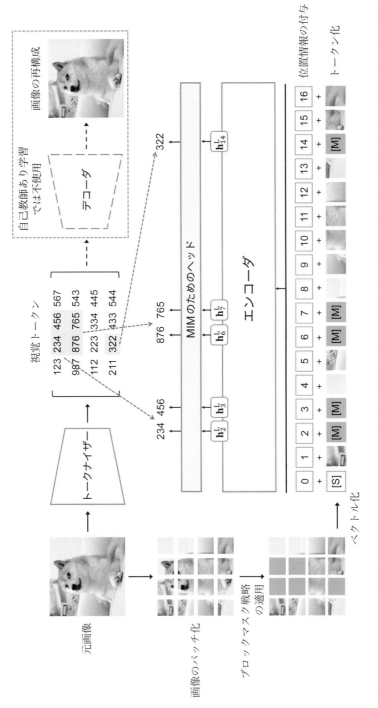

図 18 BEiT のモデル構造と学習方法。BEiT はマスクパッチの視覚トークンを予測する。視覚トークンはマスクしていない画像をトークナイザー（学習済みの生成モデルのエンコーダ）に入力することで用意する。（図は [12] より引用）

とする MIM である．2.2 項で紹介したとおり，CLIP の画像エンコーダは対照学習により画像と言語間のアライメントをしているため，言語情報と紐づいた高レベルな意味的情報を予測対象とすることができる．また，EVA は十億パラメータの大規模な ViT を学習することで，CLIP の画像エンコーダからパラメータ数のスケールアップを行い，さまざまな下流タスクで高い性能を達成した[25]．

BEiT や EVA は高レベルの意味的情報を学習することができる一方で，トークナイザーとして学習済みモデルを事前に用意する必要がある．そこで，iBOT (Image BERT Pre-Training with Online Tokenizer) [13] は，学習済みモデルを使用しないオンライントークナイザーの導入を行った．iBOT のモデル構造と学習方法を図 19 に示す．iBOT では，負例が不要な対照学習と MIM の学習を同時に行い，オンライントークナイザーは指数移動平均によりパラメータ更新を行う．負例が不要な対照学習はクラストークンを用いて行われ，学習中に対照学習により徐々に捉える物体の関係性を MIM の予測対象として利用する．非常に単純な方法ではあるが，ImageNet-1K に対する ViT-B モデルのファインチューニングの性能は BEiT と同程度であり，対照学習に基づいたオンライントークナイザーを用いることで，学習済みモデルを使用せずとも高い性能を発揮できることを示した[26]．

また，Masked Feature Prediction [56] は，画素値や dVAE，自己教師あり学習をしたエンコーダなど，さまざまな予測対象について調査を行い，入力画像の HOG (Histograms of Oriented Gradients) 特徴量[27]を予測する単純な方法であり，学習済みモデルの特徴ベクトルを予測する MIM と同程度の事前学習効果が得られることが示されている．HOG 特徴量は，画素値と同様に事前学習の必要がないため，学習済みモデルを使用した MIM と比べて事前準備のコストを削減できる．

クラストークンへのグローバルな情報の集約

MIM は，損失計算にクラストークンを使用しないため，タスクに有用な情報を画像全体からクラストークンに集約するような学習が行われない．そこで，BEiT v2 [57] では，従来のマスクパッチの予測に加えて，最終層より前の層のパッチトークンと最終層のクラストークンを 2 層の ViT ブロックに入力して特徴抽出を行い，デコーダでマスクパッチを予測することを提案した．BEiT v2 で提案された MIM 戦略を図 20 に示す．新たに追加したマスクパッチの予測 $\mathcal{L}_{MIM}^c$ では，パッチトークンはマスクパッチの予測に十分な特徴量が抽出できていない一方で，クラストークンは最終層までの特徴量を内包可能である．そのため，新たに追加したマスクパッチの予測によりクラストークンに各パッチの特徴量の集約が促され，グローバルな特徴量の獲得が期待できる．BEiT v2 の

[25] ViT の構造や学習方法を再検討し，6M から 304M パラメータの ViT でも EVA が機能するようにした EVA-02 [55] も提案されている．

[26] ImageNet-1K を用いたファインチューニングにおいて iBOT で学習した ViT-B の精度は 84.0%，BEiT で学習した ViT-B は 83.4% である（各性能は [13] より引用）．

[27] HOG 特徴量は，局所領域における輝度の勾配方向をヒストグラムで表現した特徴量である．

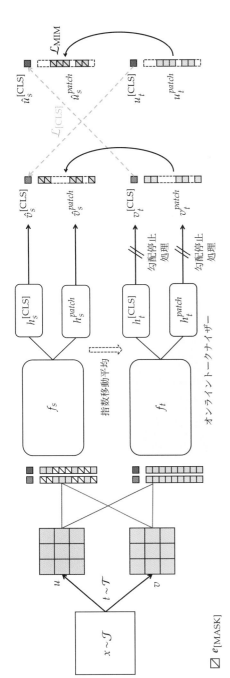

図 19　iBOT のモデル構造と学習方法。マスクパッチの特徴ベクトルを予測するための学習 $\mathcal{L}_{\mathrm{MIM}}$ と、負例が不要な対照学習 $\mathcal{L}_{\mathrm{[CLS]}}$ を同時に行う。トークナイザーは指数移動平均によりパラメータ更新を行うが、初期状態は未学習であるため、学習中に対照学習で捉えた特徴表現を MIM に利用することで、学習済みモデルの特徴ベクトルを予測する MIM と同等以上の性能を発揮する。(図は [13] より引用)

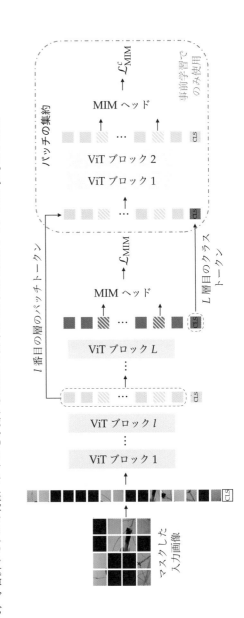

図 20　BEiT v2 で提案された MIM 戦略。$\mathcal{L}_{\mathrm{MIM}}$ は従来の MIM 損失であり、クラストークンへ画像全体の情報を集約することを促すために新たな MIM 損失 $\mathcal{L}_{\mathrm{MIM}}^c$ を導入している。(図は [57] より引用)

文献では，線形評価において対照学習である MoCo v3 を超える性能を発揮できることを示している。

MIM は，マスクの仕方によりパッチ予測の難易度と，学習で獲得する特徴表現が変化する。そこで，より効果的な事前学習をもたらすマスク領域を選択するために，マスク戦略の改善が提案されている。ここでは，オンライントークナイザーを用いた特徴ベクトルを予測する MIM において提案された 3 種類のマスク戦略を紹介する。

画像は空間的な冗長性が高いデータであるため，マスクするパッチをランダムに決めた場合，自然言語処理分野の MLM のように意味のある領域がマスクされる可能性は低い。そこで，Attention-Guided MIM [58] は，オンライントークナイザーの自己注意の注意重みに基づいてマスクパッチを決定する戦略を導入した。Attention-Guided MIM のモデル構造と学習方法を図 21 に示す。Attention-Guided MIM では，3 種類の戦略，すなわちオンライントークナイザーの自己注意の注意重みが高いパッチをマスクする戦略，高いパッチが一部残るように注意重みが高いパッチをマスクする戦略，低いパッチをマスクする戦略を検討し，注意重みが高いパッチをマスクする戦略と，高いパッチが一部残るように高いパッチをマスクする戦略が高い性能となることを示した。これは，注意重みが高いパッチをマスクすることで，オブジェクトが存在するパッ

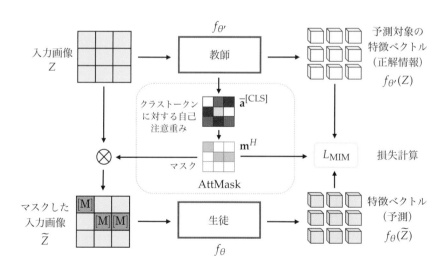

図 21　Attention-Guided MIM のモデル構造と学習方法。iBOT に適用する場合，教師はオンライントークナイザーを意味し，オンライントークナイザーの自己注意の注意重みに基づいてマスクパッチを決定する。（図は [58] より引用）

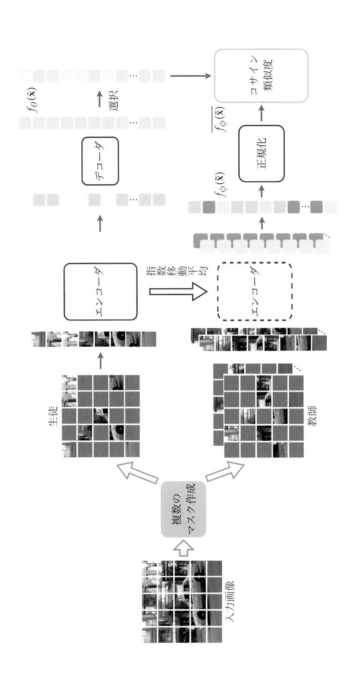

図 22 SdAE のモデル構造と学習方法。指数移動平均でパラメータを更新するトークナイザーの入力にもマスク戦略を導入している。（図は [59] より引用）

チが積極的にマスクされた，より困難な予測問題の作成が促されるためだと考えられている。

また，画像の空間的冗長性が高いことにより，画像全体を考慮して抽出した特徴量が必ずしも良い予測対象になるとは限らない可能性がある。そこで，SdAE（Self-distillated Masked Autoencoder）[59] は，オンライントークナイザーの入力にもマスクを適用するシンプルな戦略を提案した。SdAE のモデル構造と学習方法を図 22 に示す。従来の MIM と同様に入力画像にランダムマスク戦略を適用し，その後ランダムマスク戦略でマスクされなかったパッチをオンライントークナイザーのマスクパッチとする。

I-JEPA（Image-based Joint-Embedding Predictive Architecture）[60] は，豊富な情報をもつコンテキスト領域から意味的な情報をもつマスクブロック領域を予測する戦略を提案した。I-JEPA のモデル構造と学習方法を図 23 に示す。I-JEPA では，まず特定のスケールとアスペクト比から複数のパッチで構成されるブロック型のマスク領域をランダムに 4 つ作成し，その後同様にマスクしない領域であるコンテキスト領域を決定する。その際，マスク領域とコンテキス

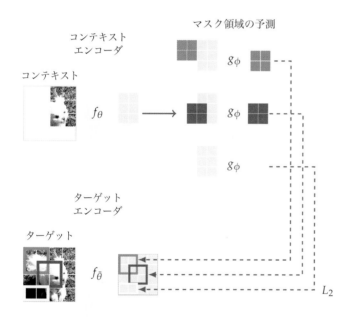

図 23　I-JEPA のモデル構造と学習方法。マスク領域とマスクしない領域を複数パッチで構成されるブロックで決定し，マスク領域の特徴ベクトルをブロックごとに予測する。正解ラベルの役割となる特徴ベクトルは，マスクされていない画像をターゲットエンコーダに入力することで用意する。各ブロックは，犬の頭や尻尾などの意味的な情報をもつ可能性が高いため，対照学習のような隣接パーツの紐づけが期待できる。（図は [60] より引用）

ト領域が重なった場合は，重複領域をコンテキスト領域から削除する。マスク領域の予測では，コンテキスト領域から各マスク領域を個別に予測する。従来のパッチ単位のマスク戦略と比べて，マスクされていない領域とマスクされた領域のそれぞれに複数のパッチから構成される意味的な情報が含まれるため，対照学習のような隣接するパーツを紐づける学習が行われる。

異なるモーダルへの適用

MIM は，パッチのようなブロック単位で入力を定義できる場合に容易に適用できることから，動画 [61]，音声 [62]，点群 [63, 64, 65] など，さまざまなモーダルにおいて MIM を使った手法が提案されている。MAE を動画へ適用した手法 [61] では，図 24 に示すように，スクラッチから教師あり学習[28] をした場合と比べて，MAE とファインチューニングにおいて，少ない学習時間で教師あり学習を超える性能を達成可能であることが示された。

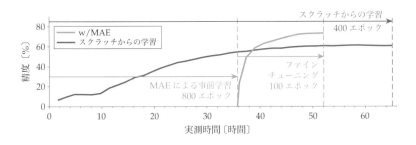

図 24　動画における MAE の学習効果と学習時間（図は [61] より引用）

マルチモーダルへの拡張

MAE を RGB，深度，セグメンテーションの 3 つのモーダルへ拡張した手法として，MultiMAE（Multi-modal Multi-task Masked Autoencoders）[66] がある。MultiMAE のモデル構造と学習方法を図 25 に示す。MultiMAE では，すべてのモーダルに対して 1 つのエンコーダで特徴抽出を行い，モーダルごとに用意したデコーダでマスクパッチの予測を行う。デコーダでは，予測するモーダルをクエリ，すべてのモーダルをキーとバリューとして入力し，クロスアテンションを行う。これにより，マスクパッチの予測にモーダル間の対応関係を利用することができ，事前学習後のモデルは，1 つのモーダルがすべてマスクされた場合において，他のモーダルの情報を活用してそのモーダルの予測が可能であることが実験的に示された。

MultiMAE の考え方は，他のモーダルの組み合わせへも容易に拡張できるため，RGB・言語 [67, 68, 69]，RGB・音声 [70, 71, 72, 73]，RGB・点群 [74, 75]，

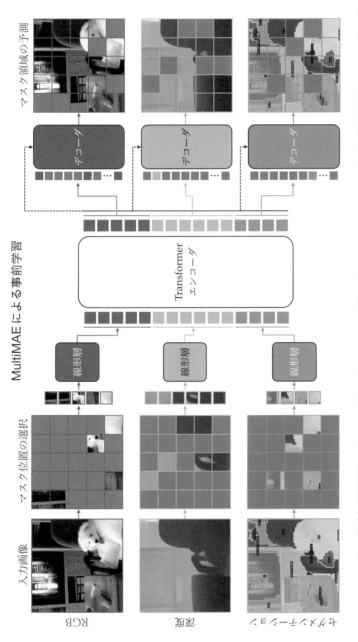

図 25　MultiMAE のモデル構造と学習方法。トークン化したすべてのモーダルに対して 1 つのエンコーダで特徴抽出を行い、モーダルごとに用意したデコーダでマスクパッチを予測する。（図は [66] より引用）

RGB・深度 [76], RGB・深度・赤外線 [77] など，さまざまなモーダルの組み合わせにおいて，マルチモーダル MIM が提案されている。

4 対照学習と MIM の組み合わせ

ViT において，対照学習はクラストークンレベルの学習，MIM はパッチトークンレベルの学習であることから，性能改善を目的として対照学習と MIM を同時に学習するハイブリッド手法が提案されている [13, 78, 79]。これらのハイブリッド手法で学習したエンコーダは，対照学習のみ，MIM のみで学習したエンコーダと比べて，下流タスクにおいて高い性能を発揮することが，各手法の評価実験で示されている。

対照学習と MIM の下流タスクにおける性能の傾向を図 26 に示す。赤色のマーカーは対照学習，青色のマーカーは MIM，緑色のマーカーは教師あり学習で学習したエンコーダの結果である。図 26 (a) より，対照学習は線形評価，MIM はファインチューニングで高い事前学習効果を発揮するといえる。また，異なるタスクにおけるファインチューニングの性能を比較した図 26 (b) では，対照学習である MoCo と MIM である BEiT の ImageNet-1K におけるクラス分類の性能が同程度であるにもかかわらず，COCO における物体検出の性能は異なることがわかる。

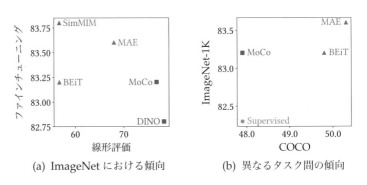

(a) ImageNet における傾向 　　(b) 異なるタスク間の傾向

図 26　対照学習と MIM の下流タスクにおける性能の傾向 (図は [53] より引用)

学習効果

Park ら [53] は，対照学習と MIM の学習効果の違いについて分析を行い，自己注意，特徴抽出，重要な層の観点から，対照学習と MIM が異なる学習効果を発揮していることを示した。また，対照学習と MIM を組み合わせた学習を，その効果の傾向から評価し，対照学習と MIM はそれぞれの学習が補完的であることを示した。対照学習と MIM を組み合わせた学習の損失関数を式 (7) に示す。

$$L = (1 - \lambda)L_{\text{MIM}} + \lambda L_{\text{CL}} \tag{7}$$

ここで，L_{MIM} は MIM の損失，L_{CL} は対照学習の損失，λ は 2 つの損失のバラン
スを調整するパラメータである．対照学習と MIM を組み合わせた学習の傾向を
図 27 に示す．λ が 0 の場合は MIM のみ，λ が 1 の場合は対照学習のみの学習
であり，λ が 0.2 から 0.6 の場合は両者を段階的に移行した際のエンコーダの性
能を示している．対照学習と MIM を適切なバランスに調整することで，線形評
価とファインチューニングの両方で高い事前学習効果を発揮することがわかる．

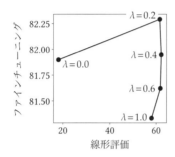

図 27　ImageNet-1K におけるハイブリッド手法の傾向．λ は対照学習と MIM
のバランスを調整する重みであり，λ が 0 の場合は MIM のみ，λ が 1 の場合
は対照学習のみで学習した結果である．（図は [53] より引用）

5　データセットの大規模化

　多くの自己教師あり学習は，プレテキストタスクのデータセットとして Image
Net-1K を使用する．しかし，ImageNet-1K は自然言語処理分野において基盤
モデルの学習に使用される大規模データセットと比べると小規模である．そこ
で，DINO v2 [80] と MAWS [40] は，より大規模な画像データセットを構築し，
自己教師あり学習を行った．本節では，データセットの大規模化として DINO
v2 を解説する．

　DINO v2 では，既存のベンチマークデータセットにウェブ上の画像を追加す
ることでサンプル数を増やし，さらに複数のデータセットを組み合わせることで
大規模データセットを構築した．既存データセットの増強フレームワークを図
28 に示す．このフレームワークは，特徴抽出，重複除去，データ検索の 3 段階
の工程から構成される．特徴抽出では，ImageNet-22K を用いて自己教師あり
学習をした ViT-H/16 モデルにより，各データから特徴量を抽出する．重複除
去では，ウェブ収集データに対して特徴ベクトル間の類似度に基づいたコピー
検出を行い，似たデータを削除する．最後に，データ検索では，特徴ベクトル
間の類似度に基づいて既存データセット内の各データに似た N 個のウェブ収集

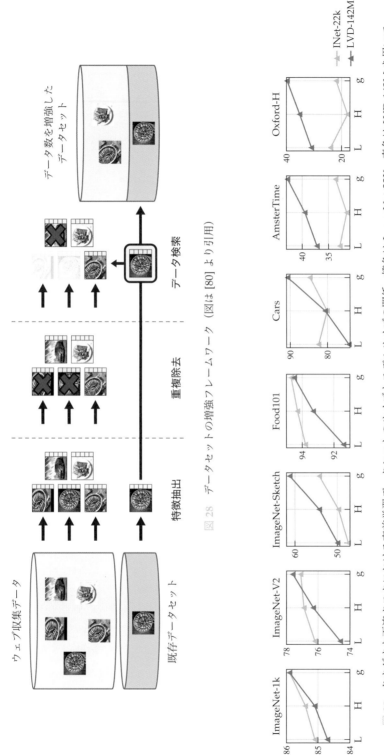

図 28 データセットの増強フレームワーク（図は [80] より引用）

図 29 さまざまな下流タスクにおける事前学習データセットのサイズとモデルサイズの関係。橙色は ImageNet-22K，青色は LVD-142M を用いて自己教師あり学習をしたモデルの精度を表す。（図は [80] より引用）

データを既存データセットに追加することで，サンプル数を増やす。DINO v2 のフレームワークにより増強されたデータセットの構成を表 2 に示す。DINO v2 では，最終的に増強後のデータセットのデータ数のバランスを調整し，約 1 億 4200 万サンプルから構成される LVD-142M データセットを構築した。

　自己教師あり学習に使用するデータセットとエンコーダの違いによる性能変化を図 29 に示す。橙色は ImageNet-22K を用いて自己教師あり学習をしたエンコーダの性能，青色は LVD-142M を用いて自己教師あり学習をしたエンコーダの性能である。また，横軸は学習したエンコーダのモデル構造（ViT-L，ViT-H，ViT-g）を表し，この 3 つの中で ViT-L が最もパラメータ数が小さく，ViT-g が最もパラメータ数が大きいモデル構造である[29]。LVD-142M を用いた自己教師あり学習は，最もパラメータ数が大きい ViT-g モデルを使った場合に，多くのデータセットで ImageNet-22K を用いた自己教師あり学習と同程度，または超える性能となった。このことから，大規模データセットを最大限活用した学習を行うためには，大規模モデルが必要であることがわかる。

[29] 各モデルのパラメータ数は，ViT-L が約 3 億，ViT-H が約 6 億，ViT-g が約 10 億である。

表 2　LVD-142M データセット（表は [80] より引用）

Task	Dataset / Split	Images	Retrieval	Retrieved	Final
classification	ImageNet-22k / –	14,197,086	as is	–	14,197,086
classification	ImageNet-22k / –	14,197,086	sample	56,788,344	56,788,344
classification	ImageNet-1k / train	1,281,167	sample	40,997,344	40,997,344
fine-grained classif.	Caltech 101 / train	3,030	cluster	2,630,000	1,000,000
fine-grained classif.	CUB-200-2011 / train	5,994	cluster	1,300,000	1,000,000
fine-grained classif.	DTD / train1	1,880	cluster	1,580,000	1,000,000
fine-grained classif.	FGVC-Aircraft / train	3,334	cluster	1,170,000	1,000,000
fine-grained classif.	Flowers-102 / train	1,020	cluster	1,060,000	1,000,000
fine-grained classif.	Food-101 / train	75,750	cluster	21,670,000	1,000,000
fine-grained classif.	Oxford-IIIT Pet / trainval	3,680	cluster	2,750,000	1,000,000
fine-grained classif.	Stanford Cars / train	8,144	cluster	7,220,000	1,000,000
fine-grained classif.	SUN397 / train1	19,850	cluster	18,950,000	1,000,000
fine-grained classif.	Pascal VOC 2007 / train	2,501	cluster	1,010,000	1,000,000
segmentation	ADE20K / train	20,210	cluster	20,720,000	1,000,000
segmentation	Cityscapes / train	2,975	cluster	1,390,000	1,000,000
segmentation	Pascal VOC 2012 (seg.) / trainaug	1,464	cluster	10,140,000	1,000,000
depth estimation	Mapillary SLS / train	1,434,262	as is	–	1,434,262
depth estimation	KITTI / train (Eigen)	23,158	cluster	3,700,000	1,000,000
depth estimation	NYU Depth V2 / train	24,231	cluster	10,850,000	1,000,000
depth estimation	SUN RGB-D / train	4,829	cluster	4,870,000	1,000,000
retrieval	Google Landmarks v2 / train (clean)	1,580,470	as is	–	1,580,470
retrieval	Google Landmarks v2 / train (clean)	1,580,470	sample	6,321,880	6,321,880
retrieval	AmsterTime / new	1,231	cluster	960,000	960,000
retrieval	AmsterTime / old	1,231	cluster	830,000	830,000
retrieval	Met / train	397,121	cluster	62,860,000	1,000,000
retrieval	Revisiting Oxford / base	4,993	cluster	3,680,000	1,000,000
retrieval	Revisiting Paris / base	6,322	cluster	3,660,000	1,000,000
					142,109,386

　ここまで，自己教師あり学習の基礎や改善アプローチについて，技術面を中心に解説を行った。自己教師あり学習の評価方法や学習条件に焦点を当てると，自己教師あり学習に存在するいくつかの課題が見えてくる。

自己教師あり学習をしたエンコーダの評価方法

　評価方法に着目すると，ImageNet-1K に対する性能実験がメインである一方，下流タスクにおける評価は手法間で統一されていない。そこで，Ericsson ら [17] は，2021 年頃までの自己教師あり学習手法に対して，合計 40 種類のさまざまな下流タスクで評価を行い，ImageNet-1K に対する性能と相関のある下流タスク，相関のない下流タスクがあることや，同じプレテキストタスクにおいても導入するテクニックが異なると高い事前学習効果が得られる下流タスクが異なることなどを明らかにした。つまり，自己教師あり学習の各手法がどのような下流タスクにおいて高い事前学習効果を発揮できるのかは，実際に下流タスクで評価してみるまでわからないといえ，自己教師あり学習をしたエンコーダを利用する際の問題点となる。

学習条件による影響とハイパーパラメータの評価

　従来法について入手できる評価結果は，論文著者が公開している学習済みエンコーダを使用した結果や，論文著者による値を引用した結果であることが多い。つまり，手法ごとに細かな学習条件の違いがあり，それが手法間の比較に与える影響は考慮されていないといえる。

　また，各手法のハイパーパラメータの評価に着目すると，線形評価やファインチューニングにおける性能の変化に基づいて評価を行っており，最適なハイパーパラメータを設定するために，間接的に正解ラベルを使用しているといえる。自己教師あり学習では，プレテキストタスクに対する性能が高いことや損失値が小さいことが，下流タスクで高い事前学習効果を発揮することに必ずしも繋がらず，このことがラベルなしデータのみを用いたハイパーパラメータの決定を困難にしているといえる。

　自己教師あり学習における RandAugment [81][30] の適用を目的とした Self-Augment [82] では，自己教師あり学習をしたエンコーダを学習に使用していないプレテキストタスクの性能からエンコーダを評価することで，ハイパーパラメータ探索が可能になることが示された。ラベルなしデータを用いたハイパーパラメータ探索は，下流タスクへの転移性をラベルなしデータのみで評価していると捉えることもできる。そのため，ラベルなしデータを用いたハイパーパ

[30] 高い学習効果を発揮する適切なデータ拡張をハイパーパラメータ探索により設定する手法。

ラメータ探索の今後の発展は，自己教師あり学習後のエンコーダの特徴表現を
ラベルなしデータのみを用いて評価することにも繋がると考えられる。

学習の停止タイミング

エポック数に着目すると，多くの手法でエポック数を増やした場合に性能が
向上する傾向が示されている。そのため，どのタイミングで自己教師あり学習
を終了するべきかは，明らかになっていない。エポック数を増やすことは，デー
タ拡張によるデータのバリエーション増加に加え，対照学習では学習するペア
の組み合わせ数の増加，MIM ではマスク領域の変化による対応付けの組み合
わせ数の増加に繋がる。また，約 30 億サンプルから構成されるデータセットを
用いて学習を行った MAWS [40] では，自己教師あり学習と弱教師あり学習の 2
段階の事前学習が提案され，各事前学習において 1 エポックの学習のみで高い
性能を発揮することが示されている。今後は，データや学習のバリエーション
と自己教師あり学習の学習効果の関係性について，分析や解明が期待される。

7　おわりに

本稿では，自己教師あり学習による事前学習として，自己教師あり学習の概要
と代表的な評価方法に加え，現在の主流となっている対照学習と Masked Image
Modeling を中心とした代表的な手法について解説を行った。一方で，自己教
師あり学習の分析，自己教師あり学習をしたモデルの活用，継続学習における
自己教師あり学習など，本稿で触れることができなかった項目も多くある。現
在は自己教師あり学習の方法そのものに加え，自己教師あり学習をしたモデル
の活用方法も急速に発展しており，それらにも注目していきたい。最後に，本
稿が皆様に少しでも役立てれば幸いである。

謝辞

本稿の作成にあたり，終始懇切にご指導をいただきました東北大学大学院情
報科学研究科助教 菅沼雅徳先生に感謝申し上げます。

参考文献

[1] Spyros Gidaris, Praveer Singh, and Nikos Komodakis. Unsupervised Representa-
tion Learning by Predicting Image Rotations. In *International Conference on Learning
Representations*, 2018.

[2] Richard Zhang, Phillip Isola, and Alexei A. Efros. Colorful Image Colorization. In
European Conference on Computer Vision, pp. 649–666, 2016.

[3] Mehdi Noroozi and Paolo Favaro. Unsupervised Learning of Visual Representations by Solving Jigsaw Puzzles. In *European Conference on Computer Vision*, pp. 69–84, 2016.

[4] Carl Doersch, Abhinav Gupta, and Alexei A. Efros. Unsupervised Visual Representation Learning by Context Prediction. In *IEEE International Conference on Computer Vision*, pp. 1422–1430, 2015.

[5] Olivier J. Henaff, Aravind Srinivas, Jeffrey De Fauw, Ali Razavi, Carl Doersch, S. M. Ali Eslami, and Aaron van den Oord. Data-Efficient Image Recognition with Contrastive Predictive Coding. In *International Conference on Machine Learning*, pp. 4182–4192, 2020.

[6] Zhirong Wu, Yuanjun Xiong, Stella Yu Yu, and Dahua Lin. Unsupervised Feature Learning via Non-Parametric Instance Discrimination. In *IEEE Conference on Computer Vision and Pattern Recognition*, pp. 3733–3742, 2018.

[7] Mang Ye, Xu Zhang, Pong C. Yuen, and Shih-Fu Chang. Unsupervised Embedding Learning via Invariant and Spreading Instance Feature. In *IEEE/CVF Conference on Computer Vision and Pattern Recognition*, pp. 6203–6212, 2019.

[8] Kaiming He, Haoqi Fan, Yuxin Wu, Saining Xie, and Ross Girshick. Momentum Contrast for Unsupervised Visual Representation Learning. In *IEEE/CVF Conference on Computer Vision and Pattern Recognition*, pp. 9726–9735, 2020.

[9] Ting Chen, Simon Kornblith, Mohammad Norouzi, and Geoffrey E. Hinton. A Simple Framework for Contrastive Learning of Visual Representations. In *International Conference on Machine Learning*, pp. 1597–1607, 2020.

[10] Alexey Dosovitskiy, Lucas Beyer, Alexander Kolesnikov, Dirk Weissenborn, Xiaohua Zhai, Thomas Unterthiner, Mostafa Dehghani, Matthias Minderer, Georg Heigold, Sylvain Gelly, Jakob Uszkoreit, and Neil Houlsby. An Image is Worth 16x16 Words: Transformers for Image Recognition at Scale. In *International Conference on Learning Representations*, 2021.

[11] Jacob Devlin, Ming-Wei Chang, Kenton Lee, and Kristina Toutanova. BERT: Pre-Training of Deep Bidirectional Transformers for Language Understanding. In *North American Chapter of the Association for Computational Linguistics: Human Language Technologies*, pp. 4171–4186, 2019.

[12] Hangbo Bao, Li Dong, Songhao Piao, and Furu Wei. BEiT: BERT Pre-Training of Image Transformers. In *International Conference on Learning Representations*, 2022.

[13] Jinghao Zhou, Chen Wei, Huiyu Wang, Wei Shen, Cihang Xie, Alan Yuille, and Tao Kong. iBOT: Image BERT Pre-Training with Online Tokenizer. In *International Conference on Learning Representations*, 2022.

[14] Kaiming He, Xinlei Chen, Saining Xie, Yanghao Li, Piotr Dollár, and Ross Girshick. Masked Autoencoders Are Scalable Vision Learners. In *IEEE/CVF Conference on Computer Vision and Pattern Recognition*, pp. 16000–16009, 2022.

[15] Zhenda Xie, Zheng Zhang, Yue Cao, Yutong Lin, Jianmin Bao, Zhuliang Yao, Qi Dai, and Han Hu. SimMIM: A Simple Framework for Masked Image Modeling. In *IEEE/CVF Conference on Computer Vision and Pattern Recognition*, pp. 9653–9663, 2022.

[16] Kaiming He, Xiangyu Zhang, Shaoqing Ren, and Jian Sun. Deep Residual Learning

for Image Recognition. In *IEEE Conference on Computer Vision and Pattern Recognition*, pp. 770–778, 2016.

[17] Linus Ericsson, Henry Gouk, and Timothy M. Hospedales. How Well Do Self-Supervised Models Transfer? In *IEEE/CVF Conference on Computer Vision and Pattern Recognition*, pp. 5410–5419, 2021.

[18] Mathilde Caron, Hugo Touvron, Ishan Misra, Hervé Jégou, Julien Mairal, Piotr Bojanowski, and Armand Joulin. Emerging Properties in Self-Supervised Vision Transformers. In *IEEE/CVF International Conference on Computer Vision*, pp. 9630–9640, 2021.

[19] Geoffrey Hinton, Oriol Vinyals, and Jeff Dean. Distilling the Knowledge in a Neural Network. In *Neural Information Processing Systems Workshop*, 2014.

[20] Mathilde Caron, Ishan Misra, Julien Mairal, Priya Goyal, Piotr Bojanowski, and Armand Joulin. Unsupervised Learning of Visual Features by Contrasting Cluster Assignments. In *Neural Information Processing Systems*, pp. 9912–9924, 2020.

[21] Xinlei Chen, Haoqi Fan, Ross Girshick, and Kaiming He. Improved Baselines with Momentum Contrastive Learning. *arXiv preprint arXiv:2003.04297*, 2020.

[22] Xinlei Chen, Saining Xie, and Kaiming He. An Empirical Study of Training Self-Supervised Vision Transformers. In *IEEE/CVF International Conference on Computer Vision*, pp. 9640–9649, 2021.

[23] Debidatta Dwibedi, Yusuf Aytar, Jonathan Tompson, Pierre Sermanet, and Andrew Zisserman. With a Little Help from My Friends: Nearest-Neighbor Contrastive Learning of Visual Representations. In *IEEE/CVF International Conference on Computer Vision*, pp. 9568–9577, 2021.

[24] Mingkai Zheng, Shan You, Fei Wang, Chen Qian, Changshui Zhang, Xiaogang Wang, and Chang Xu. ReSSL: Relational Self-Supervised Learning with Weak Augmentation. In *Neural Information Processing Systems*, pp. 2543–2555, 2021.

[25] Junnan Li, Pan Zhou, Caiming Xiong, and Steven Hoi. Prototypical Contrastive Learning of Unsupervised Representations. In *International Conference on Learning Representations*, 2021.

[26] Bo Pang, Yifan Zhang, Yaoyi Li, Jia Cai, and Cewu Lu. Unsupervised Visual Representation Learning by Synchronous Momentum Grouping. In *European Conference on Computer Vision*, pp. 265–282, 2022.

[27] Ting Chen, Simon Kornblith, Kevin Swersky, Mohammad Norouzi, and Geoffrey Hinton. Big Self-Supervised Models are Strong Semi-Supervised Learners. In *Neural Information Processing Systems*, pp. 22243–22255, 2020.

[28] Li Jing, Pascal Vincent, Yann LeCun, and Yuandong Tian. Understanding Dimensional Collapse in Contrastive Self-Supervised Learning. In *International Conference on Learning Representations*, 2022.

[29] Jean-Bastien Grill, Florian Strub, Florent Altché, Corentin Tallec, Pierre H. Richemond, Elena Buchatskaya, Carl Doersch, Bernardo A. Pires, Zhaohan D. Guo, Mohammad G. Azar, Bilal Piot, Koray Kavukcuoglu, Rémi Munos, and Michal Valko. Bootstrap Your Own Latent: A New Approach to Self-Supervised Learning. In *Neural*

Information Processing Systems, pp. 21271–21284, 2020.

[30] Xinlei Chen and Kaiming He. Exploring Simple Siamese Representation Learning. In *IEEE/CVF Conference on Computer Vision and Pattern Recognition*, pp. 15750–15758, 2021.

[31] Ashwini Pokle, Jinjin Tian, Yuchen Li, and Andrej Risteski. Contrasting the Landscape of Contrastive and Non-Contrastive Learning. In *International Conference on Artificial Intelligence and Statistics*, 2022.

[32] Chenxin Tao, Honghui Wang, Xizhou Zhu, Jiahua Dong, Shiji Song, Gao Huang, and Jifeng Dai. Exploring the Equivalence of Siamese Self-Supervised Learning via A Unified Gradient Framework. In *IEEE/CVF Conference on Computer Vision and Pattern Recognition*, pp. 14411–14420, 2022.

[33] Kang-Jun Liu, Masanori Suganuma, and Takayuki Okatani. Bridging the Gap from Asymmetry Tricks to Decorrelation Principles in Non-Contrastive Self-Supervised Learning. In *Neural Information Processing Systems*, pp. 19824–19835, 2022.

[34] Quentin Garrido, Yubei Chen, Adrien Bardes, Laurent Najman, and Yann Lecun. On the Duality Between Contrastive and Non-Contrastive Self-Supervised Learning. In *International Conference on Learning Representations*, 2023.

[35] Manu S. Halvagal, Axel Laborieux, and Friedemann Zenke. Implicit Variance Regularization in Non-Contrastive SSL. In *Neural Information Processing Systems*, 2023.

[36] Alec Radford, Jong Wook Kim, Chris Hallacy, Aditya Ramesh, Gabriel Goh, Sandhini Agarwal, Girish Sastry, Amanda Askell, Pamela Mishkin, Jack Clark, Gretchen Krueger, and Ilya Sutskever. Learning Transferable Visual Models From Natural Language Supervision. In *International Conference on Machine Learning*, pp. 8748–8763, 2021.

[37] Aditya Ramesh, Prafulla Dhariwal, Alex Nichol, Casey Chu, and Mark Chen. Hierarchical Text-Conditional Image Generation with CLIP Latents. *arXiv preprint arXiv:2204.06125*, 2021.

[38] Feng Liang, Bichen Wu, Xiaoliang Dai, Kunpeng Li, Yinan Zhao, Hang Zhang, Peizhao Zhang, Peter Vajda, and Diana Marculescu. Open-Vocabulary Semantic Segmentation with Mask-Adapted CLIP. In *IEEE/CVF Conference on Computer Vision and Pattern Recognition*, pp. 7061–7070, 2023.

[39] Sabri Eyuboglu, Maya Varma, Khaled Saab, Jean-Benoit Delbrouck, Christopher Lee-Messer, Jared Dunnmon, James Zou, and Christopher Ré. Domino: Discovering Systematic Errors with Cross-Modal Embeddings. In *International Conference on Learning Representations*, 2022.

[40] Mannat Singh, Quentin Duval, Kalyan V. Alwala, Haoqi Fan, Vaibhav Aggarwal, Aaron Adcock, Armand Joulin, Piotr Dollár, Christoph Feichtenhofer, Ross Girshick, Rohit Girdhar, and Ishan Misra. The Effectiveness of MAE Pre-Pretraining for Billion-Scale Pretraining. In *IEEE/CVF International Conference on Computer Vision*, pp. 5484–5494, 2023.

[41] Xin Yuan, Zhe Lin, Jason Kuen, Jianming Zhang, Yilin Wang, Michael Maire, Ajinkya Kale, and Baldo Faieta. Multimodal Contrastive Training for Visual Representation

Learning. In *IEEE/CVF Conference on Computer Vision and Pattern Recognition*, pp. 6995–7004, 2021.

[42] Shraman Pramanick, Li Jing, Sayan Nag, Jiachen Zhu, Hardik J. Shah, Yann Le-Cun, and Rama Chellappa. VoLTA: Vision-Language Transformer with Weakly-Supervised Local-Feature Alignment. *Transactions on Machine Learning Research*, 2023.

[43] Corentin Sautier, Gilles Puy, Spyros Gidaris, Alexandre Boulch, Andrei Bursuc, and Renaud Marlet. Image-to-Lidar Self-Supervised Distillation for Autonomous Driving Data. In *IEEE/CVF Conference on Computer Vision and Pattern Recognition*, pp. 9891–9901, 2022.

[44] Shuang Ma, Zhaoyang Zeng, Daniel McDuff, and Yale Song. Active Contrastive Learning of Audio-Visual Video Representations. In *International Conference on Learning Representations*, 2021.

[45] Jean-Baptiste Alayrac, Adrià Recasens, Rosalia Schneider, Relja Arandjelović, Jason Ramapuram, Jeffrey De Fauw, Lucas Smaira, Sander Dieleman, and Andrew Zisserman. Self-Supervised MultiModal Versatile Networks. In *Neural Information Processing Systems*, pp. 25–37, 2020.

[46] Brian Chen, Andrew Rouditchenko, Kevin Duarte, Hilde Kuehne, Samuel Thomas, Angie Boggust, Rameswar Panda, Brian Kingsbury, Rogério S. Feris, David F. Harwath, James R. Glass, Michael Picheny, and Shih-Fu Chang. Multimodal Clustering Networks for Self-Supervised Learning from Unlabeled Videos. In *IEEE/CVF International Conference on Computer Vision*, pp. 7992–8001, 2021.

[47] Nina Shvetsova, Brian Chen, Andrew Rouditchenko, Samuel Thomas, Brian Kingsbury, Rogerio Feris, David Harwath, James Glass, and Hilde Kuehne. Everything at Once-Multi-Modal Fusion Transformer for Video Retrieval. In *IEEE/CVF Conference on Computer Vision and Pattern Recognition*, pp. 20020–20029, 2022.

[48] Yihan Zeng, Chenhan Jiang, Jiageng Mao, Jianhua Han, Chaoqiang Ye, Qingqiu Huang, Dit-Yan Yeung, Zhen Yang, Xiaodan Liang, and Hang Xu. CLIP2: Contrastive Language-Image-Point Pretraining From Real-World Point Cloud Data. In *IEEE/CVF Conference on Computer Vision and Pattern Recognition*, pp. 15244–15253, 2023.

[49] Tianyu Huang, Bowen Dong, Yunhan Yang, Xiaoshui Huang, Rynson W.H. Lau, Wanli Ouyang, and Wangmeng Zuo. CLIP2Point: Transfer CLIP to Point Cloud Classification with Image-Depth Pre-Training. In *IEEE/CVF International Conference on Computer Vision*, pp. 22157–22167, 2023.

[50] Ashish Vaswani, Noam Shazeer, Niki Parmar, Jakob Uszkoreit, Llion Jones, Aidan N. Gomez, Łukasz Kaiser, and Illia Polosukhin. Attention is All You Need. In *Neural Information Processing Systems*, pp. 6000–6010, 2017.

[51] Zhenda Xie, Yutong Lin, Zhuliang Yao, Zheng Zhang, Qi Dai, Yue Cao, and Han Hu. Self-Supervised Learning with Swin Transformers. *arXiv preprint arXiv:2105.04553*, 2021.

[52] Chunyuan Li, Jianwei Yang, Pengchuan Zhang, Mei Gao, Bin Xiao, Xiyang Dai, Lu Yuan, and Jianfeng Gao. Efficient Self-Supervised Vision Transformers for Representation Learning. In *International Conference on Learning Representations*, 2022.

[53] Namuk Park, Wonjae Kim, Byeongho Heo, Taekyung Kim, and Sangdoo Yun. What Do Self-Supervised Vision Transformers Learn? In *International Conference on Learning Representations*, 2023.

[54] Yuxin Fang, Wen Wang, Binhui Xie, Quan Sun, Ledell Wu, Xinggang Wang, Tiejun Huang, Xinlong Wang, and Yue Cao. EVA: Exploring the Limits of Masked Visual Representation Learning at Scale. In *IEEE/CVF Conference on Computer Vision and Pattern Recognition*, pp. 19358–19369, 2023.

[55] Yuxin Fang, Quan Sun, Xinggang Wang, Tiejun Huang, Xinlong Wang, and Yue Cao. EVA-02: A Visual Representation for Neon Genesis. *arXiv preprint arXiv:2303.11331*, 2023.

[56] Chen Wei, Haoqi Fan, Saining Xie, Chao-Yuan Wu, Alan Yuille, and Christoph Feichtenhofer. Masked Feature Prediction for Self-Supervised Visual Pre-Training. In *IEEE/CVF Conference on Computer Vision and Pattern Recognition*, pp. 14668–14678, 2022.

[57] Zhiliang Peng, Li Dong, Hangbo Bao, Qixiang Ye, and Furu Wei. BEiT v2: Masked Image Modeling with Vector-Quantized Visual Tokenizers. *arXiv preprint arXiv:2208.06366*, 2022.

[58] Ioannis Kakogeorgiou, Spyros Gidaris, Bill Psomas, Yannis Avrithis, Andrei Bursuc, Konstantinos Karantzalos, and Nikos Komodakis. What to Hide from Your Students: Attention-Guided Masked Image Modeling. In *European Conference on Computer Visio*, pp. 300–318, 2022.

[59] Yabo Chen, Yuchen Liu, Dongsheng Jiang, Xiaopeng Zhang, Wenrui Dai, Hongkai Xiong, and Qi Tian. SdAE: Self-Distillated Masked Autoencoder. In *European Conference on Computer Vision*, pp. 108–124, 2022.

[60] Mahmoud Assran, Quentin Duval, Ishan Misra, Piotr Bojanowski, Pascal Vincent, Michael Rabbat, Yann LeCun, and Nicolas Ballas. Self-Supervised Learning from Images with a Joint-Embedding Predictive Architecture. In *IEEE/CVF Conference on Computer Vision and Pattern Recognition*, pp. 15619–15629, 2023.

[61] Christoph Feichtenhofer, Haoqi Fan, Yanghao Li, and Kaiming He. Masked Autoencoders As Spatiotemporal Learners. In *Neural Information Processing Systems*, pp. 35946–35958, 2022.

[62] Po-Yao Huang, Hu Xu, Juncheng B. Li, Alexei Baevski, Michael Auli, Wojciech Galuba, Florian Metze, and Christoph Feichtenhofer. Masked Autoencoders that Listen. In *Neural Information Processing Systems*, pp. 28708–28720, 2022.

[63] Xiaoyu Tian, Haoxi Ran, Yue Wang, and Hang Zhao. Point-BERT: Pre-Training 3D Point Cloud Transformers with Masked Point Modeling. In *IEEE/CVF Conference on Computer Vision and Pattern Recognition*, pp. 19313–19322, 2022.

[64] Yatian Pang, Wenxiao Wang, Francis E.H. Tay, Wei Liu, Yonghong Tian, and Li Yuan. Masked Autoencoders for Point Cloud Self-Supervised Learning. In *European Conference on Computer Visio*, pp. 604–621, 2022.

[65] Xiaoyu Tian, Haoxi Ran, Yue Wang, and Hang Zhao. GeoMAE: Masked Geometric Target Prediction for Self-Supervised Point Cloud Pre-Training. In *IEEE/CVF Confer-*

ence on Computer Vision and Pattern Recognition, pp. 13570–13580, 2023.

[66] Roman Bachmann, David Mizrahi, Andrei Atanov, and Amir Zamir. MultiMAE: Multi-Modal Multi-Task Masked Autoencoders. In European Conference on Computer Vision, pp. 348–367, 2022.

[67] Xinyang Geng, Hao Liu, Lisa Lee, Dale Schuurmans, Sergey Levine, and Pieter Abbeel. Multimodal Masked Autoencoders Learn Transferable Representations. arXiv preprint arXiv:2205.14204, 2022.

[68] Gukyeong Kwon, Zhaowei Cai, Avinash Ravichandran, Erhan Bas, Rahul Bhotika, and Stefano Soatto. Masked Vision and Language Modeling for Multi-Modal Representation Learning. In International Conference on Learning Representations, 2023.

[69] Sungwoong Kim, Daejin Jo, Donghoon Lee, and Jongmin Kim. MAGVLT: Masked Generative Vision-and-Language Transformer. In IEEE/CVF Conference on Computer Vision and Pattern Recognition, pp. 23338–23348, 2023.

[70] Pritam Sarkar and Ali Etemad. XKD: Cross-Modal Knowledge Distillation with Domain Alignment for Video Representation Learning. arXiv preprint arXiv:2211.13929, 2022.

[71] Yuan Gong, Andrew Rouditchenko, Alexander H. Liu, David Harwath, Leonid Karlinsky, Hilde Kuehne, and James Glass. Contrastive Audio-Visual Masked Autoencoder. In International Conference on Learning Representations, 2023.

[72] Mariana-Iuliana Georgescu, Eduardo Fonseca, Radu T. Ionescu, Mario Lucic, Cordelia Schmid, and Anurag Arnab. Audiovisual Masked Autoencoders. In IEEE/CVF International Conference on Computer Vision, pp. 16144–16154, 2023.

[73] Po-Yao Huang, Vasu Sharma, Hu Xu, Chaitanya Ryali, Haoqi Fan, Yanghao Li, Shang-Wen Li, Gargi Ghosh, Jitendra Malik, and Christoph Feichtenhofer. MAViL: Masked Audio-Video Learners. In Neural Information Processing Systems Workshop, 2023.

[74] Anthony Chen, Kevin Zhang, Renrui Zhang, Zihan Wang, Yuheng Lu, Yandong Guo, and Shanghang Zhang. PiMAE: Point Cloud and Image Interactive Masked Autoencoders for 3D Object Detection. In IEEE/CVF Conference on Computer Vision and Pattern Recognition, pp. 5291–5301, 2023.

[75] Jihao Liu, Tai Wang, Boxiao Liu, Qihang Zhang, Yu Liu, and Hongsheng Li. GeoMIM: Towards Better 3D Knowledge Transfer via Masked Image Modeling for Multi-View 3D Understanding. In IEEE/CVF International Conference on Computer Vision, pp. 17839–17849, 2023.

[76] Jiange Yang, Sheng Guo, Gangshan Wu, and Limin Wang. CoMAE: Single Model Hybrid Pre-Training on Small-Scale RGB-D Datasets. In AAAI Conference on Artificial Intelligence, pp. 3145–3154, 2023.

[77] Sangmin Woo, Sumin Lee, Yeonju Park, Muhammad A. Nugroho, and Changick Kim. Towards Good Practices for Missing Modality Robust Action Recognition. In AAAI Conference on Artificial Intelligence, pp. 2776–2784, 2023.

[78] Sara Atito, Muhammad Awais, and Josef Kittler. SiT: Self-Supervised Vision Transformer. arXiv preprint arXiv:2104.03602, 2021.

[79] Zhicheng Huang, Xiaojie Jin, Chengze Lu, Qibin Hou, Ming-Ming Cheng, Dongmei

Fu, Xiaohui Shen, and Jiashi Feng. Contrastive Masked Autoencoders are Stronger Vision Learners. *arXiv preprint arXiv:2207.13532*, 2022.

[80] Maxime Oquab, Timothée Darcet, Théo Moutakanni, Huy Vo, Marc Szafraniec, Vasil Khalidov, Pierre Fernandez, Daniel Haziza, Francisco Massa, Alaaeldin El-Nouby, Mahmoud Assran, Nicolas Ballas, Wojciech Galuba, Russell Howes, Po-Yao Huang, Shang-Wen Li, Ishan Misra, Michael Rabbat, Vasu Sharma, Gabriel Synnaeve, Hu Xu, Hervé Jegou, Julien Mairal, Patrick Labatut, Armand Joulin, and Piotr Bojanowski. DINOv2: Learning Robust Visual Features without Supervision. *arXiv preprint arXiv:2304.07193*, 2023.

[81] Ekin D. Cubuk, Barret Zoph, Jon Shlens, and Quoc Le. RandAugment: Practical Automated Data Augmentation with a Reduced Search Space. In *Neural Information Processing Systems*, pp. 18613–18624, 2020.

[82] Colorado J. Reed, Sean Metzger, Aravind Srinivas, Trevor Darrell, and Kurt Keutzer. SelfAugment: Automatic Augmentation Policies for Self-Supervised Learning. In *IEEE/CVF Conference on Computer Vision and Pattern Recognition*, pp. 2674–2683, 2021.

おかもと なおき（中部大学）

コンピュータビジョンの学際研究

綱島秀樹・青木康貴・佐藤由弥

はじめに

　近年，大規模モデルや基盤モデルの台頭により，コンピュータビジョン（CV）技術が自然言語処理（NLP）と同様に急速に発展しています。特にGPT-4V のような画像入力も扱えるモデルや，Stable Diffusion に代表される言語指示による画像生成，Segmentation Anything のような画像の領域分割といった技術が登場し，CV 分野は革命的な変化を遂げています。

　この技術進化の基盤となるのは，CNN や Transformer など，隆盛を極める技術群です。これらの弾けんばかりに実った果実である基盤技術は，CV の領域を越えて様々な分野で応用されています。本記事では，この成熟した CV 技術が，土木，医療などの異分野でどのように応用されているのかについて，各分野の専門家が紹介します。

　具体的には，①何を目的としてその分野は CV を応用しているのか，②CV応用に際する分野特有の課題，③それら課題の克服，④CV 応用の限界，について述べ，CV 研究者の観点から，⑤その分野で CV を活用するにあたり興味深い点，改善の可能性がある点をあわせて述べます。これら異分野で交差する意見から新たな視点やアイデアを探り，CV 技術の未来の可能性を探っていきます。

土木工学×CV

①何を目的として CV を応用しているか

　土木工学は，橋梁やダム，トンネル，河川堤防など，社会を支えるインフラ構造物を対象として，その設計・施工・維持管理・解体に関する技術を研究する学問です。特に，構造物の維持管理は重要な課題であり，2012 年の笹子トンネル天井板崩落事故等を契機として，道路構造物を対象に 5 年ごとの定期点検が義務付けられるなど，安全対策が進められています。しかし，技術者不足の地方自治体では，輸送ネットワーク内に位置する相当数の構造物を対象として，致命的な損傷をもれなく発見することは極めて難しく，定期点検は過大な負担となります。この背景のもと，土木工学では，CV を活用することで，橋梁の外観写真からその損傷状況や残存耐力[1]を自動で推定する技術・システムの研究および開発が進められています。たとえば，[1] では，鉄道橋の損傷を

[1] 残存耐力：経年劣化の影響を考慮した部材強度

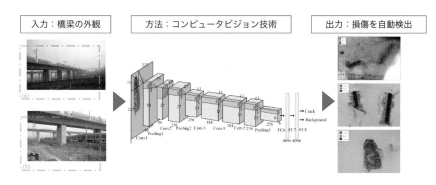

図 1　CV を用いた損傷判定の自動化手法。[1] をもとに作成。

早期に発見する技術が構築されています（図 1）。このような技術が発展していけば，インフラ構造物のマネジメントが飛躍的に高度化され，より強靭で持続可能な社会を実現できると期待されています。

②CV 応用に際する土木工学分野特有の課題

　CV を土木工学分野へ応用する際の課題の 1 つは，インフラ構造物に関する画像データをいかに取得するかです。インフラ構造物は，一般に長大であるため，高品質の外観写真（観測情報）を構造物の全長にわたって高密度に取得することが難しく，限られたデータから損傷状況を推定しなければなりません。そこで学習データは，実寸の構造物をスケールダウンさせた供試体[2] に対して研究室内で破壊実験を行い，構造物の損傷画像や耐荷力等に関する情報を取得することで入手します。この得られたデータが実構造物の状態評価に適用可能かを検証する必要があります。

[2] 供試体：強度試験などを行うための部材

③課題の克服

　車載カメラやドローン，あるいはスマホを用いて，インフラ構造物の画像を大量に取得することが考えられます。たとえば，千葉市では市民が撮影した構造物の損傷画像に基づいて維持管理を行う「ちばレポ」[3] が運用されています。

[3] https://www.city.chiba.jp/sogoseisaku/shichokoshitsu/kohokocho/chibarepo.html

④CV 応用の限界

　画像を大量に取得できても，解像度が低く，構造物の損傷を抽出できない場合があります。粗い画像でも活用できるようなロバストな CV 技術の発展が期待されます。また，外観から構造物の損傷を検出する技術の開発は活発に行われていますが，構造物の維持管理には，それがあと何年供用できるかなど定量的な評価を行う必要があります。この実現へ向けては，CV と土木工学のさらなる融合を可能とする，両分野に精通した研究者・技術者の育成が求められます。

⑤CV 研究者から見た興味深い点，改善の可能性がある点

　例として，高速鉄道の鉄筋コンクリートのダメージ検知の論文 [1] では，データセットの作成に損傷度合いや損傷のタイプなどの分野特有の知識を重点的に活用していた点が学際研究として非常に興味深いポイントです。

　一方，まだ試用的な適用段階ということもあり，かなり古いモデル（AlexNet）をそのまま利用している点は改善の余地があります。様々な検証が行われている最新のモデル（たとえば，ResNet や Vision Transformer）を利用することで，現段階でどの程度精度の高い処理ができるのかが明らかになりやすいでしょう。また，データの取得が難しいという問題もあるとおり，訓練データとテストデータ間のリーク（訓練データにテストデータの情報が混ざっている）が疑われるようなデータセット分割も今後の発展が期待できるところだと思います。

医療×CV

　人工知能（AI）とコンピュータビジョン（CV）の技術は，近年，医療分野における研究と診断方法に革命をもたらしています。特に，再生医療におけるiPS 細胞（人工多能性幹細胞）の研究において，これらの技術の発展は顕著です。iPS 細胞は，人体の特定の機能を持った細胞へと自由に変化し，臓器を構成できる能力を持つため，損傷した組織の修復や疾患の治療法の開発において極めて重要な役割を果たします。CV 技術を用いて iPS 細胞を識別し，単離することは，この分野の研究効率と精度を飛躍的に向上させます。

①何を目的として CV を応用しているか

　iPS 細胞研究における CV の応用は，医療分野の革新的な進歩を促進する重要な役割を果たしています。この分野における CV の主要な目的は，iPS 細胞とそれ以外の細胞を正確に識別し，単離することにあります。iPS 細胞の識別は，疾患モデルの構築，薬剤候補を同定するスクリーニング，人工的に作製した臓器などの再生医療への応用など，幅広い研究の基礎となります。CV 技術の利用により，これらの細胞を自動で，かつ高精度に識別することが可能になり，研究の効率化と精度の向上が実現されています。

　近年の進歩により，CV を用いた画像解析技術は，細胞の形状，大きさ，色の変化など，微細な特徴を学習し，それに基づいて iPS 細胞を識別する能力を有しています。この技術の発展は，細胞の特性をより詳細に理解し，新しい細胞型の同定や病気の原因細胞の発見に繋がる可能性があります。また，研究室での実験作業を自動化し，人的ミスを減少させる効果も期待されています。

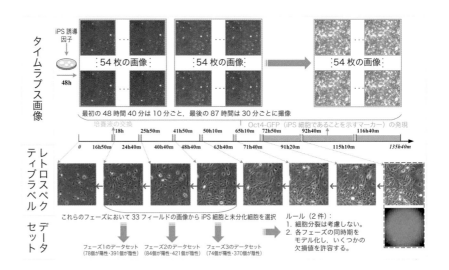

図 2 研究スキーム。[2] より。

②CV 応用に際する医療分野特有の課題

　iPS 細胞の識別に必要な高解像度の画像データを取得し，処理することは，CV 応用における大きな課題です。高品質な画像は，細胞の特徴を明確に捉えるために不可欠であり，先進的な顕微鏡技術と画像処理技術が求められます。さらに，AI が細胞を正確に学習し識別するためには，大量かつ多様な画像データが必要となり，これらを集める過程での倫理的問題やプライバシーの保護は，医療分野の研究者にとって特に大きな課題です。

　データの質と量を確保するためには，厳格な実験プロトコルとデータ収集基準の設定が必要です。また，倫理的問題に対処するためには，研究目的での使用に限定し，参加者からの同意を得るプロセスが不可欠です。これらの課題に対応するためには，技術的，法的，倫理的なガイドラインの策定と実施が求められます。

③課題の克服

　iPS 細胞研究における CV 技術応用の障壁を乗り越えるためには，複数のアプローチが考えられます。まず，高解像度の画像取得と処理においては，顕微鏡技術の進化と，画像処理アルゴリズムの改善が重要です。画像の解析精度を高めるために，ディープラーニングなどの最新の AI 技術を活用することが効果的です。また，大量のデータ収集と処理には，クラウドコンピューティングやビッグデータ技術の利用が有効です。

　データ収集における倫理的問題やプライバシー保護の障壁に対しては，研究参加者への透明性の高い情報提供と同意取得プロセスの確立が必要です。さら

に，データの匿名化やセキュリティ対策の強化により，個人情報の保護を徹底することが重要です。

④CV 応用の限界

　現在の CV 技術では，まだ克服できない限界が存在します。特に，異なる条件下で撮影された画像に対する解析精度の向上や，複雑な細胞特徴の識別能力の向上が挑戦的な課題です。これらの課題は，AI モデルの学習能力に依存しており，より高度な学習アルゴリズムの開発が求められます。

　また，CV 技術の応用においては，計算資源の制約も大きな課題です。高度な画像解析には，膨大なデータの処理に対する計算能力が必要であり，これを効率的に行うための技術開発が必要です。将来的には，量子コンピューティングなどの新技術が，これらの限界を克服する鍵となる可能性があると考えられます。

⑤CV 研究者から見た興味深い点，改善の可能性がある点

　iPS 細胞の検出において，検出の目印となるバイオマーカーがなく，人間がその動きから検出することも困難であるという課題を，機械化によって解決した点が非常にうまい使い方だと思いました。実験の自動化は現在ムーンショットプロジェクト[4]でも進められており，非常にホットなトピックだと思います。

　一方，改善の可能性がある点として，iPS 細胞のアノテーション時の取りこぼしによるラベルノイズにどう対処するのかが論文中に記載されていないので，その点を注意深く分析するとより面白い結果になるのではないかと思いました。また，1 回で作った iPS 細胞を用いて訓練データ・テストデータを作っていることや，土木分野同様にデータのリーク問題が気になりました。改善には，データ取得のバリエーションやデータのサンプル数を増やすことや，個人が識別できない状態での iPS 細胞のラベリング等が重要であると考えられます。

[4] https://www.jst.go.jp/moonshot/program/goal3/36_ushiku.html

おわりに

　本稿では，コンピュータビジョン（CV）技術の異分野への応用について，それぞれの分野の視点から掘り下げていきました。CV 利用側からの有用性や課題，CV 研究者側からの興味深い点や改善の可能性がある点を述べましたが，両者の視点からの考察は学際研究への理解を深める一歩となると思われます。CV をはじめとする AI 技術は現在，社会的な流行を見せており，AI と異分野の融合は今後もさらなる広がりを見せると考えられます。この興味深い動向を追いかけることは，私たちの知的好奇心を刺激し，未来の可能性を広げて

くれるはずです。私たちは今後の発展に期待を寄せつつ，この分野のさらなる探求を楽しみにしています。

参考文献

[1] Chen et al.: Convolutional neural networks（CNNs）-based multi-category damage detection and recognition of high-speed rail（HSR）reinforced concrete（RC）bridges using test images, *Engineering Structures*, Vol. 276, 115306, 2023.

[2] Zhang, H. *et al.* A novel machine learning based approach for iPS progenitor cell identification. *PLoS Comput. Biol.* 15, e1007351, 2019.

本記事は，早稲田大学の競争的資金アーリーバードの一企画「コンピュータビジョンの爆発的隆盛，異分野とのシナジー」によるものです。

綱島秀樹（早稲田大学）
テーマ・興味：視覚的コモンセンス，Embodied AI，発達心理学，深層生成モデル，表現学習，仮想試着，パーシステントホモロジー

青木康貴（早稲田大学）
テーマ・興味：構造工学，インフラマネジメント，防災工学，災害リスク，レジリエンス

佐藤由弥（早稲田大学）
テーマ・興味：再生医療，ゲノム解析，人工臓器，老化，Single-cell トランスクリプトーム解析

ようこそ叡智の図書館へ。ここは知識と発見の殿堂です。今日この図書館にあなたが足を踏み入れたのは，近年の大規模言語モデル（LLM）やマルチモーダル大規模言語モデル（MLLM）の登場によって激変したコンピュータビジョンの分野を深く探求したいという願いからですね。私たちはここで，コンピュータビジョンがこれからどのように進化し，研究が進んでいくのかについて，身体を持った AI，すなわち Embodied AI を取り上げて議論を展開します。

探求の旅の案内人は，Embodied AI の実機分野に精通したミライとシミュレーション分野に精通したユメという双子の姉妹です。彼女たちはそれぞれの専門分野から，複雑で魅力的な分野を解説してくれるでしょう。そして，彼女たちの案内のもと，これまでの叡智に触れ，さらなる高みへと誘われることでしょう。それでは，旅の始まりです。

ミライ

Embodied AI の実機分野に精通した AI。
近年の LLM と MLLM の影響を受けて，Embodied AI の可能性と行先を案内するために招集された。双子の姉として妹のユメを引っ張ろうとしているお姉さん気質の一方，ちょっとドジな一面も？

ユメ

シミュレーション分野に精通したミライの妹の AI。
いち早く LLM と MLLM が取り入れられたシミュレーション分野を案内するために招集された。妹として姉のミライに大きな信頼を置いているが，ミライのお姉さんとしてあろうとする姿を微笑ましく思っていたりする。

LLMとMLLMの登場による分野の激変

Library of Wisdom

LLM や MLLM の普及は，私たちの世界を一変させたわ。特に，ChatGPT のようなモデルの登場で，自然言語処理（NLP）研究が終わりに近づいているのではないかとさえ言われるようになったほどよ。コンピュータビジョンも例外じゃない。大規模な Vision and Language モデルの登場によって，この分野もまた，終わりについて囁かれるような状況になっているわ。

そうですね。NLP 分野では，GPT シリーズのようなマルチタスクをこなせる大規模モデルが登場しましたね。これらは大規模なデータと，Transformer [1] が登場した 2017 年当時では考えられないほどのパラメータを持つモデルです。これにより，言語の指示を与えることで，ファインチューニングなしに多様なタスクを解くことが可能になりました。コンピュータビジョンのほうはどうなのですか？

コンピュータビジョンでは，NLP の流れを受けて画像と言語の特徴を同一の空間で扱える CLIP [2] や，文章を入力として画像のセグメンテーションを行う SAM [3]，文章を入力として画像生成を行える Stable Diffusion [4] のような言語と画像を組み合わせたマルチモーダルな基盤モデルが多く登場しているわ。これらのマルチモーダルな基盤モデルは，プロンプトだけでなく画像や点群などのデータもトークン化して混ぜ込むことで，人にとって直感的に処理内容を変えることを可能にしたの。もうすべての分野は LLM や MLLM に圧倒されてしまうのかしら？

そんなことはありません。Embodied AI のようなマルチモーダル分野の実世界応用には，まだまだ課題が多く残されています。

そうね！　先に Embodeid AI の現状について整理しておくわね。Embodied AI でも，大規模データの流れが注目されているわ。ロボットによる模倣学習や，様々なロボットに適用可能な学習が進んでいるわね。加えて，観測や言語をトークン化して LLM に入力し，制御機構で扱いやすい言語指示に変換する技術も出てきたわ。だけど，Vision and Language の発展だけではまだ解決できていない問題も多いの。

次のセクションでは，Embodied AI の現状について詳しく話していくわね。

EmbodiedAIの課題と現状の取り組み

Embodied AI の研究は，大きくシミュレーションと実機環境に分けられるわ。シミュレーションの利点は，統一的なベンチマークが用意できて性能比較がしやすいこと，実機では難しいタスクも設定しやすいこと，高額な実機を購入する必要がないことね。一方，実機ではセンサノイズへの対処，ロボットの作成，実世界に即した具体的な制御の実装など，現実世界の条件に合わせた取り組みが可能よ。

シミュレーション側の研究では，ハードウェアにおける様々な困難な問題を回避したインテリジェントなタスク解決をメインに見据えていて，実機側の研究ではシミュレーションで扱われていないことが多い制御やハードウェアの問題をメインに見据えているわ。例えば，シミュレーション側では，センサノイズがなく，形状の異なるロボットを容易に設置・設定できる理想的な環境で「パーティ後の片付けをする」「お風呂を掃除する」といった複雑なタスクを解いたりするわ。実機側では，センサノイズがある上に形状の異なるロボットを容易に設置・設定できないけれども，実世界においてどう機能させるかを解決したりするのよ。

まずはユメにシミュレーション側の研究について紹介してもらおうかしらね。

わかりました。シミュレーション側の研究では，主に 2 つの大きな課題があります。

一つは，Symbol Grounding と Commonsense の扱いですね。
Symbol Grounding は，概念と実際の物体や状況との結びつけを指しています。例えば，まだ「りんご」として理解していないりんごが置いてあった時に，それが「りんご」の概念として結びつくことです。Commonsense は，社会的規範や常識的行動の取得を意味します。例えば，常識的行動では，「お風呂を掃除する」というタスクがあれば，ブラシと洗剤をまずは探してからお風呂掃除を開始するというようなことが挙げられます。

もう一つの課題は，連続値行動の扱いです。例えば，BEHAVIOR-1K のような日常的タスクでは，連続値制御を使ってタスクを実行するエージェントの成功率がまだ 0%という状況です。

結構複雑そうね。一見すると，とても大きな課題で取り組むのが大変そうだわ。

課題を細分化して整理すれば，そこまで難しくはありません。現在の取り組みでは，Symbol Grounding と Commonsense に関して，LLM や MLLM と組み合わせてフレキシブルにタスクを解決しようとする動きがあります。これには，直接的行動生成とハイレベルプランニングの 2 つのアプローチがあります。

直接的行動生成では，以下のような技術があります。
■タスク指示文を入力とし LLM により生成された行動の候補と，観測画像を入力とした強化学習における累積報酬の期待値である価値関数をアンサンブル (Mixture of Experts) [5]
■タスク指示文を入力として，LLM を用いてとるべき行動を繰り返し生成 [6]
■タスク指示文を入力として，動作が記述されたコードの塊である API を LLM で利用し，コードを生成 [7]

抽象的な計画を立てるハイレベルプランニングでは，言語指示やタスクから，LLM で言語の行動計画を生成します。また，Embodied AI の制御信号を生成するローレベルプランニングでは，強化学習等で訓練されたローレベルプランナーで行動を生成させる方法があります。

連続値行動に関しては，大量のデモンストレーションデータを集め，推論時に言語指示，位置差分，回転差分などを Transformer に入力して，連続値制御を行う取り組みが進んでいます。しかしながら，前述の BEHAVIOR-1K のような日常的タスクでは未だにうまくいきません。

なるほどね。直接的行動生成とハイレベルプランニングが大きく取り組む流れとしてあって，その中でも連続値制御についての難しさがあるということね。そうしたら，次は私が実機側の研究を紹介していくわ。実機側の研究では，シミュレーションデータの問題点がまず挙げられるの。以下の 3 つがそうね。
■接触や変形など物理現象のダイナミクスをモデル化する際に生じる誤差
■複雑な材質の物理ベースレンダリングが困難
■制御時と実機動作で生じるノイズ
シミュレーションデータを実機ドメインに転移させたいけれど，実機とシミュレーションのドメインギャップにどう対処するかが問題になっているの。Embodied AI では，出力した操作によって環境が変化するから，実機でのベンチマークデータの構築が難しいのよ。さらに，実環境で Embodied AI を動かすためには相当な設備と時間が必要になるわ。

シミュレーション側の研究のようにタスク自体の難しさというよりも，取り組むことすら難しい課題もあるんですね。大変そうです……。

大変そうに見えるけど，取り組むことすら難しい課題を迂回する発想があるわ。現状では，シミュレーションと実機のドメインギャップに対処するために，以下の2つのアプローチがあるのよ。

1. シミュレーションデータを実機ドメインに転移させて利用する
- System Identification：同じマシンでも，温度や湿度，位置，時間の経過による摩耗で物理パラメータが変化するでしょ。これを精密に再現できる数理モデルを利用して，実機に近づけてギャップを減らすの。例えば TuneNet［8］のような手法があるわ。
- Domain Adaption：シミュレーションと実データの変換をドメイン適応タスクとして解釈し，変換器を獲得する方法よ。RL-CycleGAN［9］や RoboTHOR［10］のような，実画像とシミュレーション画像の大規模なペアデータセットがこれに該当するわ。RL-CycleGAN は，CycleGAN を使用してシミュレーションと実データのドメイン間の変換を学習するのよ。
- Domain Randomization：色，テクスチャ，摩擦，遅延などのノイズ要素をランダムに生成して，シミュレーション内のデータの包括範囲を広げる方法ね。これによって，実機データの多様性に対応できるようになるの。

2. 実機データを抽象的に取り扱う
- 画像と言語の特徴を同一の空間で扱える CLIP を活用して，言語情報を用いて，画像を観測できる環境を抽象的に扱うアプローチがあるわ。CLIPort［11］では，観測画像を言語と対応づけることで，実機データの解釈を助けるの。この CLIP 部分は静的データで訓練できるから，実データの教師データが利用できるのよ。
- LERF［12］は，CLIP 特徴を3次元の場に埋め込む手法ね。ニューラル場を使用して抽象的な情報を空間に埋め込むことで，例えば「植木鉢」と入力することで，その領域を特定できるようになるわ。

これらの取り組みによって，実機側の研究ではシミュレーションデータの問題点が克服され，より現実的な環境でのロボティクス応用へと進展しているのよ。

残 さ れ た 課 題 と こ れ か ら
Library of Wisdom

このセクションでは，Embodied AI に残されている課題と今後の方向性について考えてみましょう。

シミュレーション側の研究では，連続値制御においてまだ多くの課題があります。特に，BEHAVIOR-1K のような複雑なタスクでは，タスク成功率が 0%のままです。これからの方向性としては，ProgPrompt の API コード生成のような手法が発展すると，任意の動作（連続値制御）の生成が可能になるかもしれません。

一方，LLM や MLLM は現在，次にくる文として尤もらしいものを返すだけです。未知の組み合わせなどについては解けない確率的オウムとして揶揄されているように，本質的な理解には至っていないという指摘もあります。確率的オウム対処の方向性の例として，すべての事象に内在する因果関係を取り扱えると，本質的な動作関係性の理解を深めることができるかもしれません。

シミュレーション側の課題と可能性についてだいぶスッキリ整理できたわね。じゃあ，実機側を観測と制御の 2 つの観点から紹介するわ。まず観測に関しては，ロボティクスにおいても大規模なデータ収集が始まる一方，仮想環境のように，制御値で変化したシーンの実データを大規模に確保することは原理上困難なのよ。すでに確保された大規模な静的タスクデータとの接続も課題ね。今後の方向性としては，LERF で見たように，操作によって変化する実環境を直接 end-to-end に利用するのではなく，大規模な静的対応付けが可能なモデルで抽象化することが一つ。また，現実世界を人間のように抽象的に認識して，抽象的な制御命令を使う方向が考えられるわ。

制御については，ロボットの形状の差，すなわち身体性の差をどうするかね。性質上ロボット種類数を増やすのが困難で，ロボット種に跨る大規模データの確保が困難な点も課題だわ。制御命令の抽象化や言語との結びつけは進むでしょうけれど，精密に動かすためには，抽象化した命令と実機ごとの制御値のキャリブレーションフローやフィードバックが必要になるわ。実データの取り扱いや動作の環境応答が鍵になって，実機の古典的なノウハウが生きる領域よ！

Embodied AI の分野では，LLM や MLLM のようなモデルがもたらした驚異的な発展にもかかわらず，まだ解決すべき多くの課題があります。

そうね。LLM や MLLM などの基盤モデルや大規模モデルによって研究分野でやることが少なくなってしまっていると悲観する必要はないわ。実際，これらの基盤モデルや大規模モデルのおかげで，研究分野はより高度で実世界に即した問題に取り組めるようになったのですから。今後は，これらの進歩を活かして，より具体的で実用的な応用に向けた研究が行われることでしょう。

どうだったかしら？　あなたが求める，LLM や MLLM の登場によって激変してしまったコンピュータビジョン分野を知る助けになったかしら？

また何か助けが必要でしたら，いつでも叡智の図書館にいらしてくださいね。

それではよい旅路を！

参考文献

[1] A Vaswani, et al. Attention is All you Need. In *NeurIPS*, 2017.

[2] A Radford, et al. Learning Transferable Visual Models from Natural Language Supervision. In *ICML*, 2021.

[3] A Kirillov, et al. Segment Anything. In *ICCV*, 2023.

[4] R Rombach, et al. High-Resolution Image Synthesis with Latent Diffusion Models. In *CVPR*, 2022.

[5] M Ahn, et al. Do As I Can, Not As I Say: Grounding Language in Robotic Affordances. *arXiv preprint arXiv: 2204.01691*, 2022.

[6] W Huang, et al. Language Models as Zero-Shot Planners: Extracting Actionable Knowledge for Embodied Agents. In *ICML*, 2022.

[7] I Singh, et al. ProgPrompt: Generating Situated Robot Task Plans using Large Language Models. In *ICRA*, 2023.

[8] A Allevato, et al. Tunenet: One-Shot Residual Tuning for System Identification and Sim-to-Real Robot Task Transfer. In *CoRL*, 2020.

[9] K Rao, et al. RL-Cyclegan: Reinforcement Learning Aware Simulation-to-Real. In *CVPR*, 2020.

[10] M Deitke, et al. Robothor: An Open Simulation-to-Real Embodied AI Platform. In *CVPR*, 2020.

[11] M Shridhar, et al. CLIport: What and Where Pathways for Robotic Manipulation. In *CoRL*, 2022.

[12] J Kerr, et al. Language Embedded Radiance Fields. In *ICCV*, 2023.

（本記事は 2023 年時点の情報をもとに，ChatGPT および Stable Diffusion を用いて作成しています）

CV イベントカレンダー

名　称	開催地	開催日程	投稿期限
『コンピュータビジョン最前線　Summer 2024』6/10 発売			
ICMR 2024（ACM International Conference on Multimedia Retrieval）国際 icmr2024.org	Phuket, Thailand	2024/6/10〜6/14	2024/2/18
SSII2024（画像センシングシンポジウム）国内 confit.atlas.jp/guide/event/ssii2024/top	パシフィコ横浜 ＋オンライン	2024/6/12〜6/14	2024/4/22
NAACL 2024（Annual Conference of the North American Chapter of the Association for Computational Linguistics）国際 2024.naacl.org	Mexico City, Mexico	2024/6/16〜6/21	2023/12/15
CVPR 2024（IEEE/CVF International Conference on Computer Vision and Pattern Recognition）国際 cvpr.thecvf.com/Conferences/2024	Seattle, USA	2024/6/17〜6/21	2023/11/17
ICME 2024（IEEE International Conference on Multimedia and Expo）国際 2024.ieeeicme.org	Niagara Falls, Canada	2024/7/15〜7/19	2023/12/30
RSS 2024（Conference on Robotics: Science and Systems）国際 roboticsconference.org	Delft, Netherlands	2024/7/15〜7/19	2024/2/2
ICML 2024（International Conference on Machine Learning）国際 icml.cc	Vienna, Austria	2024/7/21〜7/27	2024/2/1
ICCP 2024（International Conference on Computational Photography）国際 iccp-conference.org/iccp2024	Lausanne, Switzerland	2024/7/22〜7/24	2024/3/28
SIGGRAPH 2024（Premier Conference and Exhibition on Computer Graphics and Interactive Techniques）国際 s2024.siggraph.org	Denver, USA ＋Online	2024/7/28〜8/1	2024/1/24
IJCAI-24（International Joint Conference on Artificial Intelligence）国際 www.ijcai24.org	Jeju, South Korea	2024/8/3〜8/9	2024/1/17
MIRU2024（画像の認識・理解シンポジウム）国内 miru-committee.github.io/miru2024/	熊本城ホール	2024/8/6〜8/9	2024/6/24
ACL 2024（Annual Meeting of the Association for Computational Linguistics）国際 2024.aclweb.org	Bangkok, Thailand	2024/8/11〜8/16	2024/2/15
KDD 2024（ACM SIGKDD Conference on Knowledge Discovery and Data Mining）国際 kdd2024.kdd.org	Barcelona, Spain	2024/8/25〜8/29	2024/2/8
SICE 2024（SICE Annual Conference）国際 sice.jp/siceac/sice2024	Kochi, Japan	2024/8/27〜8/30	2024/4/22

名　称	開催地	開催日程	投稿期限
Interspeech 2024 (Interspeech Conference) 国際 interspeech2024.org	Kos Island, Greece	2024/9/1〜9/5	2024/3/2
FIT2024（情報科学技術フォーラム）国内 www.ipsj.or.jp/event/fit/fit2024/	広島工業大学 五日市キャンパス ＋オンライン	2024/9/4〜9/6	2024/6/14
『コンピュータビジョン最前線　Autumn 2024』9/10 発売			
ECCV 2024 (European Conference on Computer Vision) 国際 eccv2024.ecva.net	Milano, Italy	2024/9/29〜10/4	2024/3/7
UIST 2024（ACM Symposium on User Interface Software and Technology）国際 uist.acm.org/2024	Pittsburgh, PA, USA	2024/10/13〜10/16	2024/4/3
IROS 2024 (IEEE/RSJ International Conference on Intelligent Robots and Systems) 国際 iros2024-abudhabi.org	Abu Dhabi, UAE	2024/10/14〜10/18	2024/3/15
ISMAR 2024 (IEEE International Symposium on Mixed and Augmented Reality) 国際 www.ismar.net	Great Seattle Area, USA	2024/10/21〜10/25	2024/3/14
ICIP 2024 （IEEE International Conference on Image Processing）国際 2024.ieeeicip.org	Abu Dhabi, UAE	2024/10/27〜10/30	2024/2/7
ACM MM 2024 (ACM International Conference on Multimedia) 国際 2024.acmmm.org	Melbourne, Australia	2024/10/28〜11/1	2024/4/12
IBIS2024（情報論的学習理論ワークショップ）国内	埼玉ソニックシティ	2024/11/4〜11/7	未定
CoRL 2024 （Conference on Robot Learning）国際 www.corl.org	Munich, Germany	2024/11/6〜11/9	2024/6/6
情報処理学会 CVIM 研究会/電子情報通信学会 PRMU 研究会［DCC 研究会，CGVI 研究会と連催，11 月度］国内 ken.ieice.org/ken/program/index.php?tgid=IPSJ-CVIM	福井工業大学	2024/11 の範囲で未定	未定
ICPR 2024 (International Conference on Pattern Recognition) 国際 icpr2024.org	Kolkata, India	2024/12/1〜12/5	2024/4/17
SIGGRAPH Asia （ACM SIGGRAPH Conference and Exhibition on Computer Graphics and Interactive Techniques in Asia) 国際 asia.siggraph.org/2024	Tokyo, Japan	2024/12/3〜12/6	2024/5/19

名　称	開催地	開催日程	投稿期限
ACM MM Asia 2024（ACM Multimedia Asia）[国際] mmasia2024.org	Auckland, New Zealand	2024/12/3〜12/6	2024/7/19
ViEW2024（ビジョン技術の実利用ワークショップ）[国内] view.tc-iaip.org/view/2024	パシフィコ横浜	2024/12/5〜12/6	未定
NeurIPS 2024（Conference on Neural Information Processing Systems）[国際] neurips.cc	Vancouver, Canada	2024/12/9〜12/15	2024/5/22
『コンピュータビジョン最前線　Winter 2024』12/10 発売			
情報処理学会 CVIM 研究会/電子情報通信学会 PRMU 研究会［電子情報通信学会 MVE 研究会/VR 学会 SIG-MR 研究会と連催，1 月度］[国内] ken.ieice.org/ken/program/index.php?tgid=IPSJ-CVIM	未定	2025/1 の範囲で未定	未定
DIA2025（動的画像処理実利用化ワークショップ）[国内] www.tc-iaip.org/dia/2025	福井	2025/3/5〜3/6	未定
『コンピュータビジョン最前線　Spring 2025』3/10 発売			
情報処理学会第 87 回全国大会 [国内] www.ipsj.or.jp/event/taikai/87/index.html	立命館大学大阪 いばらきキャンパス ＋オンライン	2025/3/13〜3/15	未定
電子情報通信学会 2025 年総合大会 [国内]	東京都市大学	2025/3/25〜3/28	未定
情報処理学会 CVIM 研究会/電子情報通信学会 PRMU 研究会［IBISML 研究会と連催，3 月度］[国内] ken.ieice.org/ken/program/index.php?tgid=IPSJ-CVIM	滋賀大学彦根キャンパス ＋オンライン	2025/3 の範囲で未定	未定
ICASSP 2025（IEEE International Conference on Acoustics, Speech, and Signal Processing）[国際] 2025.ieeeicassp.org	Hyderabad, India	2025/4/6〜4/11	2024/8/28
CHI 2025（ACM CHI Conference on Human Factors in Computing Systems）[国際] chi2025.acm.org	Yokohama, Japan ＋Online	2025/4/26〜5/1	T. B. D.
WWW 2025（ACM Web Conference）[国際] www2025.org	Sydney, Australia	2025/4/28〜5/2	T. B. D.
ICRA 2025（IEEE International Conference on Robotics and Automation）[国際]	Atlanta, USA	2025/5/17〜5/23	2024/9/15
情報処理学会 CVIM 研究会/電子情報通信学会 PRMU 研究会［連催，5 月度］[国内]	未定	2025/5 の範囲で未定	未定
CVPR 2025（IEEE/CVF International Conference on Computer Vision and Pattern Recognition）[国際]	Nashville, USA	2025/6/10〜6/17	T. B. D.

名　称	開催地	開催日程	投稿期限
ICCV 2025（International Conference on Computer Vision）国際 www.thecvf.com	Hawaii, USA	2025/10/19〜10/25	T. B. D.
WACV 2025（IEEE/CVF Winter Conference on Applications of Computer Vision）国際	T. B. D.	T. B. D.	T. B. D.
AAAI-25（AAAI Conference on Artificial Intelligence）国際	T. B. D.	T. B. D.	T. B. D.
3DV 2025（International Conference on 3D Vision）国際	T. B. D.	T. B. D.	T. B. D.
AISTATS 2025（International Conference on Artificial Intelligence and Statistics）国際	T. B. D.	T. B. D.	T. B. D.
ICLR 2025（International Conference on Learning Representations）国際	T. B. D.	T. B. D.	T. B. D.
SCI' 25（システム制御情報学会研究発表講演会）国内	未定	未定	未定
JSAI2025（人工知能学会全国大会）国内	未定	未定	未定

2024 年 5 月 7 日現在の情報を記載しています．最新情報は掲載 URL よりご確認ください．また，投稿期限はすべて原稿の提出締切日です．多くの場合，概要や主題の締切は投稿期限の 1 週間程度前に設定されていますのでご注意ください．

Google カレンダーでも本カレンダーを公開しています．ぜひご利用ください．

tinyurl.com/bs98m7nb

原作　佐武原
作画　鳩豆

五次元のアリス

四次元のアリス

佐武原 原作・鳩豆 作画／松井勇佑 編

（マンガ寄稿者募集中！　寄稿をご希望の方は東京大学松井勇佑〈matsui@hal.t.u-tokyo.ac.jp〉までご一報ください）

『CV 最前線』ジュニア編集委員として「叡智の図書館」を綱島さんと担当しました上田です。「叡智の図書館」は，激戦区の研究分野を親しみやすい形でお伝えできるよう，「専門性が異なり知識量に差のあるキャラクター 2 人の会話形式をとる」というアイデアを生成 AI で実現する試みで，新しい形のかなり挑戦的な記事となりました。今回生まれたミライとユメの双子姉妹，それぞれどんなバックグラウンドを持っていて何が得意なのか，どういう距離感で話して表情はどんなか，生成のために解像度を高めていくうちにとても愛着のあるキャラクターに仕上がりました。Embodied AI は一見難解で進歩も早い分野ですが，この記事が親しみを持って楽しむきっかけになると嬉しいです。

上田　樹（筑波大学）

上田さんと同じく，ジュニア編集委員として「叡智の図書館」を担当しました綱島です。GPT-3.5（当時は GPT-3.5 が ChatGPT と呼ばれていました）以降の様々な LLM や MLLM の登場は，学術界を震撼させました。自然言語分野の言語処理学会で「ChatGPT で自然言語処理は終わるのか？」というパネルセッションが開かれた例からも，その衝撃は伝わるかと思います。それゆえ，新しく深層学習分野の研究を始める学生や，今まさに ChatGPT に研究分野の課題を大量に解決されてしまっている方に，新しい研究の道標を示せたらと思ったことが「叡智の図書館」を書くきっかけでした。しかしながら，強力なモデルが出現したということはさらに高いレベルの問題を解くことができるようになったということでもあるので，喜ばしい側面もあります。このような思いから，「叡智の図書館」では，画像生成モデルの Stable Diffusion をベースとしたモデルと ChatGPT を使うことで，大規模モデルとともに歩んでいくということを表現したつもりです。また，フランクでありながらも硬派寄りの『CV 最前線』において，可愛らしいキャラクターを登場させるという新たな試みも行いました。ぜひ多くの方に，今後とも『CV 最前線』を愛読していただくきっかけになってもらえると嬉しいです。

綱島秀樹（早稲田大学）

次刊予告（Autumn 2024／2024 年 9 月刊行予定）

イマドキノ 微分可能レンダリング（上田樹）／イマドキノ 論文サーベイ（福原吉博・久保谷善記・大竹ひな）／フカヨミ 正規化フロー（前田孝泰・浮田宗伯）／フカヨミ 3D 医療画像解析（田所龍）／ニュウモン イベントカメラ（髙谷剛志）／がんばれ！堀田くん（はも）

コンピュータビジョン最前線　Summer 2024

2024 年 6 月 10 日　初版 1 刷発行

編　　者　井尻善久・牛久祥孝・片岡裕雄・藤吉弘亘・延原章平
発 行 者　南條光章
発 行 所　**共立出版株式会社**
　　　　　〒112-0006　東京都文京区小日向 4-6-19　電話　03-3947-2511（代表）
　　　　　振替口座　00110-2-57035
　　　　　www.kyoritsu-pub.co.jp

本文制作　㈱グラベルロード
印　　刷　大日本法令印刷
製　　本

検印廃止
NDC 007.13
ISBN 978-4-320-12552-0

一般社団法人
自然科学書協会
会員

Printed in Japan

Human-in-the-Loop 機械学習

人間参加型AIのための 能動学習とアノテーション

Robert（Munro）Monarch 著

上田隼也・角野為耶・伊藤寛祥 訳

B5判・428頁・定価7260円（税込）
ISBN978-4-320-12574-2

Human-in-the-Loop機械学習（人間参加型AI）の活用により、効率よく高品質な学習データを作成し、機械学習モデルの品質とアノテーションのコストパフォーマンスを改善する方法を解説。

目次

www.kyoritsu-pub.co.jp

共立出版

（価格は変更される場合がございます）